"十四五"国家重点出版物出版规划项目

国家出版基金项目
NATIONAL PUBLICATION FOUNDATION

"双碳"目标下清洁能源气象服务丛书

丛书主编：丁一汇　　丛书副主编：朱蓉　申彦波

湖北风能太阳能气象服务研究

成驰　许沛华　许杨　等　著

气象出版社
China Meteorological Press

内 容 简 介

　　本书系根据中国气象局对能源气象服务的发展要求,在论述近年来湖北在风能太阳能气象服务中的技术进展基础上,结合服务中的体会编写而成。主要介绍了风能太阳能气象服务的重点领域、主要技术方法和业务系统,注重总结气象服务中的实践经验,并加以理论提升,力盼通过此书与全国气象工作者一起为实现"双碳"战略目标而奋斗。

　　本书主要内容包括:湖北省风能太阳能气象服务发展历程、资源观测及评估服务、风光功率预测服务、气象灾害区划和预警以及未来新能源气象服务的发展与展望等。可供从事风能太阳能气象服务的业务人员、研究人员以及高等院校师生参考使用。

图书在版编目（CIP）数据

　　湖北风能太阳能气象服务研究 / 成驰等著. -- 北京 ：气象出版社，2024. 6. --（"双碳"目标下清洁能源气象服务丛书 / 丁一汇主编）. -- ISBN 978-7-5029-8213-3

　　Ⅰ．P451

　　中国国家版本馆 CIP 数据核字第 20244571SY 号

湖北风能太阳能气象服务研究

Hubei Fengneng Taiyangneng Qixiang Fuwu Yanjiu

出版发行：气象出版社			
地　　址：北京市海淀区中关村南大街 46 号		邮政编码：100081	
电　　话：010-68407112（总编室）　010-68408042（发行部）			
网　　址：http://www.qxcbs.com		E - m a i l：qxcbs@cma.gov.cn	
丛书策划：王萃萃		终　　审：张　斌	
责任编辑：王萃萃　隋珂珂		责任技编：赵相宁	
封面设计：艺点设计		责任校对：张硕杰	
印　　刷：北京地大彩印有限公司			
开　　本：787 mm×1092 mm　1/16		印　　张：12.25	
字　　数：282 千字			
版　　次：2024 年 6 月第 1 版		印　　次：2024 年 6 月第 1 次印刷	
定　　价：120.00 元			

著者名单

成　驰　　许沛华　　许　杨　　崔　杨

孙朋杰　　孟　丹　　王　明　　朱　燕

王必强　　张雪婷　　何　飞　　贺莉微

艾　泽　　高　盛

本书顾问：陈正洪

丛书前言

2020年9月22日，在第七十五届联合国大会一般性辩论上，国家主席习近平向全世界郑重宣布——中国"二氧化碳排放力争于2030年前达到峰值，努力争取2060年前实现碳中和"。这是中国应对气候变化迈出的重要一步，必将对全球气候治理产生变革性影响。加快构建清洁低碳、安全高效能源体系是实现碳达峰、碳中和目标的重要部分，近年来，我国清洁能源发展规模持续扩大，为缓解能源资源约束和生态环境压力做出了突出贡献。但同时，清洁能源发展不平衡不充分的矛盾也日益凸显，不能满足当前清洁能源国家统筹、省负总责，建立国家和省两级协调，以省为主体统筹开展基地开发建设的发展需求，高质量跃升发展任重道远；各地区资源分布不均衡，需要因地制宜、分类施策，准确识别各区域具备开发利用条件的资源潜力至关重要。因此，迫切需要提高清洁能源气象服务保障能力。

风、光等作为气候资源，必然受到气象条件的影响，气象影响贯穿电场建设运行的始终，气象服务保障、气候评估等工作至关重要。气象部门以服务需求为引领，积累了基础风能太阳能资源观测资料，开展了资源评估，形成了风能太阳能资源监测和预报能力。面对目前的挑战和需求，气象出版社组织策划了"'双碳'目标下清洁能源气象服务丛书"（以下简称"丛书"），丛书系统全面介绍了包含陆上风能、海上风能、太阳能、水能、生物质能、核能等清洁能源特征，及其观测、预报预测、资源评估和开发潜力分析，相关气象灾害及其评估、预测与预警，各区域清洁能源发展规划、对策等新成果，介绍了各区域清洁能源开发利用气象保障服务体系框架、典型案例、应用示范以及煤炭清洁高效开发利用等方面的代表性成果，为助力能源绿色低碳转型，保障能源安全，实现碳达峰、碳中和目标，应对气候变化，促进我国经济社会高质量可持续发展提供科技支撑与服务。

丛书涵盖华北、东北、西北、华中、东南沿海、西南、新疆等区域中风能、太阳能等资源丰富和有代表性的地区，并覆盖水资源丰富的长江、黄河、金沙江、西江流域等，覆盖面广，内容全面，兼顾了科学性和实用性，既可为气象、能源、电力等相关领域的科研、业务人员提供参考，也可为政府部门统筹规划、精准施策提供科学依据。中国气象局首席气象专家朱蓉研究员和申彦波研究员作为丛书副主编，为保障丛书的顺利编写和出版做出了重要贡献；丛书编写团队集合了清洁能源气象观测、预报、科研、业务一线专家，涵盖了全国各区域的清洁能源科技创新团队带头人、首席专家和技术骨干，保证了丛书的科学性、权威性、创新性。

丛书得到中国工程院院士李泽椿和徐祥德的支持与推荐，列入了"十四五"国家重点出版物出版规划项目，并得到国家出版基金资助。丛书的组织和实施得到中国气象局、相关省（自治区、直辖市）气象局及电力、水利相关部门领导和专家的全力支持。在此，一并表示衷心感谢！

丛书编写出版所用的基础资料数据时间序列长、使用要素较多，涉及专业面广，参与编写人员众多，组织协调工作有一定难度，书中难免出现错漏之处，敬请广大读者批评指正。

丛书主编：丁一汇

2024 年 5 月

本书前言

　　大力开发和充分利用风能太阳能等可再生能源是我国在 2030 年实现碳达峰，在 2060 年前实现碳中和目标的重要途径。 以风能太阳能为主体的可再生能源在过去的二十年实现了前所未有的发展，未来也将是中国构建清洁低碳能源体系的核心组成部分，是兑现"双碳"目标承诺的现实选择，是现阶段应对气候变化的最重要手段。

　　风能太阳能等气象能源的本质是对风速、太阳辐射等气象因子的资源化利用，风光两种因子受气象条件时空分布和气候变化的作用，直接影响风光能源发电的开发效益和潜力。 在这样的背景下，在中国气象局和湖北省气象局领导的关心支持下，湖北省能源气象业务服务创新团队应运而生。 自成立以来，创新团队就以"面向全国、面向前沿、面向应用、面向政府、面向企业"五个面向为宗旨，为湖北省乃至全国的风能太阳能资源合理利用、能源安全、生态文明建设提供重要技术支撑。在能源领域的创新研究领域涉及新能源发电规划、选址、建设、运行等全生命周期，覆盖风光能源的发电并网、电网调度、输送消纳全过程，风光能源的气象服务研究深度、广度和创造的经济价值全国领先。

　　在服务领域，创新团队的服务内容涵盖了风光资源的监测评估和资源后评估、风光电站发电功率的短期超短期预报、风光电站气象灾害的评价区划和预警、风光资源气候预测和年景评价、大规模风光资源开发的气候效应评估等。 在技术领域，在基于深度学习的发电功率预测算法、电站集群新能源发电功率预测技术、风光场站气象灾害评估预警技术、多能互补资源评价和联合预报等方面，这支创新团队也产生了一批创新成果并在全国的服务实践中应用。

　　本书系统总结了近年来湖北省能源气象业务服务创新团队的成果，梳理了技术研究和业务服务上的经验，在内容上注重针对风光资源开发利用对气象的实际需求，注重将前沿技术应用到风光新能源气象服务中的思路，还注重在业务服务中发掘新需求和产生创新点，体现了科技能力现代化和社会服务现代化对能源气象服务的本质要求。

本书在编写过程中，得到了创新团队创始人陈正洪研究员的悉心指导和大力帮助，在此表示衷心的感谢！

本书出版得到了湖北省自然科学基金气象联合基金（2022CFD017、2024AFD206）、中国气象局创新发展专项（CXFZ2023J044、CXFZ2024J068）、国家自然科学基金（NSFC42205196）的联合资助。

由于作者水平有限，本书内容难免有失偏颇，错漏之处亦难以避免，因此恳请能源电力和应用气象的同行们批评指正。

著者

2024 年 4 月

目 录

第 1 章
绪论

1.1 湖北省能源电力系统建设概况

能源安全关乎全球经济命脉、民生大计。随着经济的快速发展和人民生活水平的不断提高,人类对能源的需求也在逐年攀升。这使得煤炭、石油、天然气等传统化石能源均不可避免地面临着枯竭的危机。此外,化石能源的过度消耗,亦造成了一系列的环境污染问题以及全球气候变暖,并引发了一系列极端天气事件。为此,世界各国不约而同地走上开发新能源的道路。大力发展以风能、太阳能为主的清洁可再生能源,促进能源产业结构性升级,实现能源需求的可持续供给将是未来的必然趋势。

湖北是能源消费大省、输入大省,能源安全是湖北的全局性、战略性问题。立足新发展阶段、完整准确全面贯彻新发展理念、服务和融入新发展格局,科学谋划湖北能源高质量发展,加快构建现代能源体系,对保障全省经济社会持续健康发展具有重要意义。缺煤、少油、乏气,是湖北能源现状。截至 2023 年 5 月底,全省发电总装机容量 9935.41 万 kW(含三峡2240.00 万 kW),其中火电 3580.16 万 kW,风电装机 807.37 万 kW,太阳能 1768.33 万kW,新能源占总装机比例已达到 25%。展望 2035 年,能源高质量发展取得决定性进展,以新能源为主体的新型电力系统建设取得实质性成效,基本建成清洁低碳、安全高效的现代能源系统,能源安全保障能力大幅提升。绿色能源生产和消费方式广泛形成,湖北省可再生能源装机占比达到 70%以上,非化石能源消费比重在 2035 年达到 25%的基础上进一步大幅提升,新增能源需求全部通过清洁能源满足,能源消费碳排放系数显著降低,碳排放总量达峰后稳中有降。能源治理体系和治理能力现代化基本实现,支撑美丽湖北基本建成。以新能源为主体的新型电力系统加快构建,清洁能源成为能源消费增量的主体。预计到 2045 年,湖北省新能源电量占比将超过 50%。新能源占比的不断提高,也为电网运行带来了新的挑战。2023年 6 月,国家能源局组织发布的《新型电力系统发展蓝皮书》指出,新能源间歇性、随机性、波动性特点使得系统调节更加困难,系统平衡和安全问题更加突出。要让新能源"扬长避短",就需要更智慧的新型电力系统,"源网荷储一体化"建设势必提速,更智慧的电力系统向我们走来。

根据《湖北省能源发展"十四五"规划》,湖北省将深入落实"四个革命、一个合作"能源安全新战略,做好碳达峰、碳中和工作,以推进能源高质量发展为主题,围绕"一个目标"(构建清洁低碳、安全高效能源系统),落实"两大要求"(保能源安全、碳达峰碳中和),打造"三大枢纽"(全国电网联网枢纽、全国天然气管网枢纽、"两湖一江"煤炭物流枢纽),建设"五大体系"(安全多元能源供给体系、集约高效能源输送储备体系、节约低碳能源消费体系、智慧融合能源科技创新体系、现代高效能源治理体系),实施"八大工程"(新能源倍增工程,煤电绿色转型工程,风光水火、源网荷储一体化示范工程,能源储备调峰工程,"两线一点一网"电网工程,"五纵四横一通道"油气管网工程,数字能源工程,能源惠企利民工程),全面提升能源供应能力和质效,为全省"建成支点、走在前列、谱写新篇"提供坚强能源保障,为全省 2030 年前实现碳达峰奠定坚实基础。

1.2 气象部门服务湖北省和全国新能源发展历程及服务领域

湖北省与中国气象局主要领导在 2009 年省部联席会议上,决定充分发挥气象部门在新能源开发利用中的"侦察兵"作用。2010 年,一支以"面向全国、面向前沿、面向应用、面向政府、面向企业"为宗旨,由气象、电力、计算机、生态环境等多专业跨部门人员组建,专攻风能太阳能资源监测、评估和预报的前瞻性研究与服务的团队应运而生。多年来,团队紧跟社会及行业发展需求,深入开展风能、太阳能资源开发利用气象服务及发电功率预报技术研究,主动探索并不断完善新能源发电功率预报气象服务业务模式,逐步赢得了太阳能及风能资源开发利用气象服务的先机和主动,取得了一些成果和经验。团队充分利用气象专业优势,在积极开展新能源气象服务科研的基础上,为企业提供资源监测、评估、预报预警、技术咨询培训等精准的专业气象服务,还积极为政府出谋划策,争取做好高参。围绕风光资源开发全链条开展的新能源气象服务,主要包括风光资源监测评估、风光功率预报预测、场站气象灾害预警、智能电力调度服务及生态气候影响评估五个方面。新能源气象服务工作有效促进了湖北省风能、太阳能资源的开发利用,并为湖北省绿色低碳发展做出了贡献。

1.2.1 机构实体:湖北省气象能源技术开发中心

为了进一步发挥气象部门在气象能源监测、评估、预测方面的科技优势,更好地服务于地方经济社会发展,2010 年 9 月,在湖北省机构编制委员会支持下,湖北省气象局在全国率先成立了"湖北省气象能源技术开发中心",承担了湖北省风能、太阳能等气象能源的调研评估、技术开发、精细化规划布局研究等技术服务工作。该机构的成立和发展,对推动风能、太阳能光伏发电的气象业务服务起到了重要的作用。同时,增强了气象能源服务的研发、业务能力及防灾减灾能力,通过部门调剂、人才引进等方式,充实了气象能源技术开发中心力量,建立了一支由正研级高工、博士、研究生等高素质人员组成的气象能源业务服务和研发的专门人才队伍。

1.2.2 支撑技术:风能太阳能开发利用气象服务技术体系

一是风能太阳能资源精细化评估及规划。开展风电场、光伏电站的宏观选址和分散式资源评估,为能源企业推荐湖北省范围内目前还未开发的资源较丰富区。截至 2023 年底,湖北省气象部门编制风能太阳能资源评价报告共计 400 余份、风能专家咨询报告 10 余份,服务 30 余家新能源企业。结合风机技术发展进行低风速风能资源评估,为湖北省开展平原地区风能资源利用提供了有力的支撑。利用卫星遥感资料结合日照时数资料,模拟湖北省总辐射、直接辐射、散射辐射的空间分布,支撑太阳能精细化评估。2021 年至今参与新能源大基地专项资源规划,深入分析区域的资源分布特征、储量、技术可开发量,推动能源大基地建设。2021 年为湖北省能源局提供在不同情景下的全省光伏和风电技术可开发量建议,并为全省多个开发区提供分散式光伏、风电开发建议。2022 年参与了省能源局组织的湖北省主要流域可再生能源一体化规划研究工作。

二是风光发电功率预测。持续开展了风能太阳能发电功率预测关键技术研究,在科技部公益性行业(气象)科研专项、中国气象局现代气候业务试点项目和小型业务项目等支持下,不断发展光伏发电功率预报方法,取得了太阳辐射统计输出订正、总辐射预报方法、光电物理-气象模型、误差逐步逼近法等多项技术创新。还开展了弃风弃光、风电爬坡、风机覆冰、复杂地形等特定情况或场景下的风光功率预报方法研究。预测技术具有多源资料融合、多算法集约、适应"全场景"应用及考虑气象灾害影响等特点。

三是场站气象灾害评估及预警。初步建立了光伏电站气象灾害风险评估指标体系、风险评估模型,开展湖北省光伏电站气象灾害综合风险评估与区划,并在 2023 年将研究成果应用于阎家河光伏电站智慧化改造气象灾害评估服务。与国网湖北省电力公司电力科学研究院(简称湖北省电科院)联合开展电网气象灾害风险预警服务。为湖北电网提供冬季导线覆冰、覆冰舞动、雷电风险及电网山火的预警服务,并于 2019 年冬季首次实现杆塔级线路风险预警。

四是智能电力调度及能源保供气象服务。开展了长江经济带湖北段最大电网负荷的预估研究,为电网规划提供支撑。服务智能电网,提供精细化的面雨量预报和智能网格预报等针对性的服务产品,助力全网决策调度。开展风光水能互补协同机理及耦合预报方法研究,建立基于气象辅助决策的风、光、水联合调度模型,为风光水多能联合调度系统安全高效运行提供依据。为"迎峰度夏(冬)能源保供"提供专题气象服务,每日定时发布未来 3 d 的风速及辐射预报。开展湖北省风能太阳能资源年景评价及气候预测服务,定期开展多时间尺度的湖北省风能、太阳能资源评估及趋势预测。

五是新能源开发利用对气候生态的影响。为满足新能源企业的运行需求,研究范围拓展至风电场群对气候影响、资源后评估、风电场生态修复等方面,为加强气候生态保护、助力清洁能源科学发展、指导风电场合理规划布局给出技术支撑。

1.2.3 系统平台:具有自主知识产权的风能太阳能发电功率预报系统

在充分调研光伏电站、风电场、电力调度部门等专业用户的需求和使用特点的基础上,早期牵头研发了我国气象部门第一代"太阳能光伏发电预报系统(1.0 版)",并研制出了"风电功率预测系统",实现了光伏电站辐射量和发电量及风电场风速和发电量的实时监测,实现了未来 3 d 的逐 15 min 的短期及未来 4 h 逐 15 min 的超短期预报。2018 年,在原有系统的基础上完成了新能源功率预报系统升级,系统升级完成后既可以对新能源公司进行集群式预报,也可以进行单站式预报,对预报算法和系统框架重新进行设计,并开发了"新能源卫士"公众号对电站进行气象灾害预警服务。系统研制成功后,前期已推广到甘肃、青海、宁夏、新疆、内蒙古、河北、江苏、云南等 10 多个省(区、市)80 余家光伏电站及风电场。2021 年至今为响应地方电力调度部门需求,研发了电网智能调度气象服务决策支持系统,该系统可以提前一天对辖区内所有新能源场站进行区域性功率预测、社会用电负荷预测以及需要向大电网购买多少电量的预测,目前已在黄冈电力调度部门业务化运行,为当地 48 个场站开展服务。

1.2.4 创新团队:创建了一支复合型科技创新队伍

在科研和开发工作中,来自华中科技大学电气学院、湖北省电力勘测设计院、上海电力学院及部门内近 10 家单位的业务科研人员紧密合作,自发形成了一支具备应用气象、数值预报、辐射测量、电气电子、软件开发、市场管理等多种专业知识的创新团队,为风电太阳能发电功率预报服务工作打下坚实的人才基础。2013 年,湖北省气象局批准成立了"湖北省能源气象服务业务创新团队",由首席、骨干和其他成员构成,队员间形成了比学赶帮的良好局面,成绩突出,连续 4 年获表扬。2016 年湖北省总工会和省直机关工委授牌成立了"湖北省气象能源业务服务创新工作室"。2018 年,湖北省能源气象服务业务创新团队更是由于突出的业绩,获得省总工会表彰的"湖北省示范性职工(劳模、工匠)创新工作室"称号。2020 年底获中国气象局"全国气象工作先进单位"称号。2022 年在省局创新团队 3 年考核中评为"优秀"。

通过近十多年的努力和积累,发布标准、指南及专利 20 余项,出版专著 5 种,发表论文 100 余篇,提交决策服务材料 40 余篇;获得多项湖北省或中国气象局科技进步奖、创新工作奖、全国气候资源保护利用工作优秀案例及优秀气候可行性论证报告奖励。产生了显著的社会经济效益,服务和推动湖北 2000 多万千瓦风光装机,带动支撑投资近千亿元,研究成果及业务经验在全国近 20 个省级气象部门交流推广,将 20 余项最新研究成果及时报送湖北省政府、省发展和改革委员会及省能源局。这支团队将继续秉持研究型服务的理念,以科研为基础,不断提升新能源气象服务能力,助力新能源健康持续发展。

第 2 章
风能太阳能资源观测服务

2.1 湖北省风能资源观测

2.1.1 资源观测网

2.1.1.1 风能资源详查观测网

(1)观测网基本情况及布局

2007年根据国家发展和改革委员会(简称国家发改委)、财政部和中国气象局于2007年6月22日联合印发的《关于开展风能资源详查和评价工作的通知》(发改能源〔2007〕1380号)精神,按中国气象局《关于组织编报〈风能资源详查和评价工作申报书〉的通知》(气预函〔2007〕114号)要求,湖北省气象局根据已有的风能资源普查和评估结果,在湖北省具有风能开发潜力并具备风电场基本建设条件的地区,选取了孝昌大悟山(由于大悟仙居顶风电厂的开发,此塔已于2010年4月24日迁建于孝昌大悟山)、钟祥华山观、随州大风口、崇阳大湖山、利川齐岳山、黄梅龙感湖6个风资源详查区,建设了6座风能资源观测塔(其中70 m塔5座、100 m塔1座),建立起湖北省风能资源专业观测网(布局见图2.1),开展长期观测,以满足风能资源开发利用的需要。

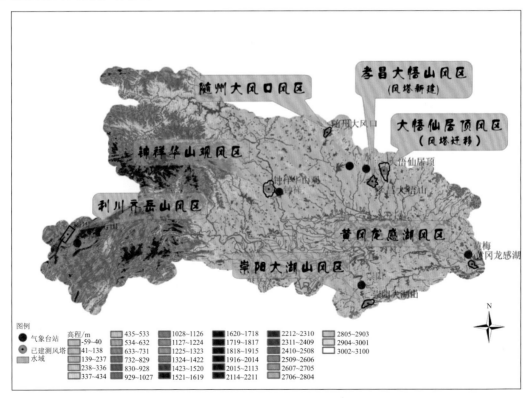

图2.1 全省风能详查区测风塔观测布局示意图

（2）测风塔位置及地形

6座测风塔的定位力求能够代表所在区域的风况特征，并尽量避开基本农田、经济林地、自然保护区、风景名胜区、矿产压覆区、墓地、居民点、军事禁区、规划项目建设区等不适宜建设风电场的区域。6座测风塔所在位置基本涵盖了湖北省风能资源相对较为丰富区域的典型地形，包括中高山、丘陵岗地及湖泊等地形，测风塔具体地形地貌见图2.2。

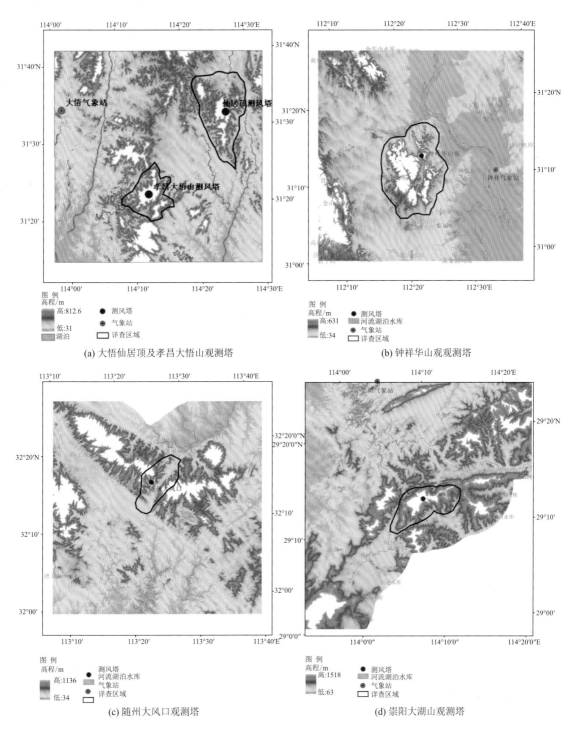

(a) 大悟仙居顶及孝昌大悟山观测塔

(b) 钟祥华山观观测塔

(c) 随州大风口观测塔

(d) 崇阳大湖山观测塔

9

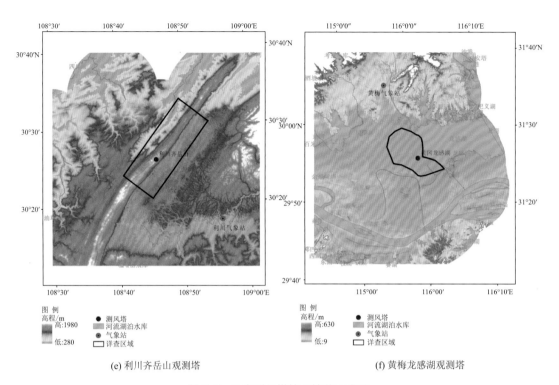

(e) 利川齐岳山观测塔　　　　　　　　　(f) 黄梅龙感湖观测塔

图 2.2　6 座测风塔地形地貌示意图

(3)测风塔观测设备设置

根据国家标准《风电场风能资源测量方法》(GB/T 18709—2002)和国家发改委下发的《风电场风能资源测量和评估技术规定》要求,结合 2007 年当前主要风电机机型、轮毂高度以及未来风机发展趋势,并考虑各地气候特征和风能资源评估技术发展需要,确定各类测风塔仪器观测层次和设置:

①70 m 测风塔

——风速传感器安装在 10 m、30 m、50 m、70 m 高度;

——风向传感器安装在 10 m、50 m、70 m 高度;

——温湿度传感器安装在 10 m 和 70 m 高度;

——气压传感器安装在 8.5 m 高度;

②100 m 测风塔

——风速传感器安装在 10 m、30 m、50 m、70 m、100 m 高度;

——风向传感器安装在 10 m、50 m、70 m、100 m 高度;

——温湿度传感器安装在 10 m 和 70 m 高度;

——气压传感器安装在 8.5 m 高度;

③超声测风仪设置

——超声测风仪安装在 70 m 高度。

湖北省风能资源详查各测风塔设置情况见表 2.1。

表2.1 湖北省风能资源详查测风塔设置一览表

详查区名称	测风塔名称	测风塔编号	塔高/m	海拔高度/m	风速层次/m	风向层次/m	温湿度层次/m	气压层次/m
孝昌详查区	大悟山	17001	70	809	10/30/50/70/100	10/50/70/100	10/70	8.5
钟祥详查区	华山观	17002	70	291	10/30/50/70/100	10/50/70/100	10/70	8.5
随州详查区	大风口	17003	70	386	10/30/50/70/100	10/50/70/100	10/70	8.5
崇阳详查区	大湖山	17004	70	1186	10/30/50/70/100	10/50/70/100	10/70	8.5
利川详查区	齐岳山	17005	100	1711	10/30/50/70/100	10/50/70/100	10/70	8.5
黄梅详查区	龙感湖	17006	70	20	10/30/50/70/100	10/50/70/100	10/70	8.5

2.1.1.2 企业风能资源评估观测网

湖北省风能资源普遍一般,且资源相对丰富地区多位于山区、丘陵、湖畔等建设条件复杂区域,因此新能源企业在风电场开发前期都会很慎重地开展测风塔选址工作并进行至少为期一年的风能资源观测,在部分地形较为复杂且拟开发区域较大的情况下,会在该区域内设立多个测风塔协同观测,以确保风电开发决策的科学性和准确性。2008—2023年底,近30多家新能源企业在湖北省陆续设立了300多座测风塔,随着风电开发力度的逐渐加大及风电技术的不断突破,风能资源观测从山区发展到了平原及湖区地带,测风塔塔高从70 m升高到150 m,经过十多年的发展,已基本建成了遍布湖北省各地市及多种地形的风能资源观测网。湖北省内企业设立测风塔分布状况见图2.3。

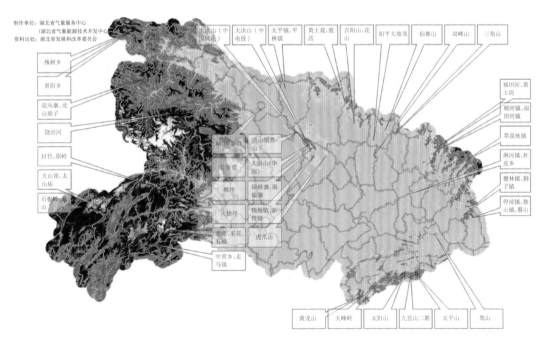

图2.3 湖北省风能资源评估测风塔分布图(截至2012年10月)

2.1.2　非常规观测手段观测

随着风电机组日趋大型化,轮毂高度日趋增大,传统测风塔高层风探测成本越来越大,在复杂地形建立测风塔的建设和维护成本也较大,激光雷达具备测量高度大、移动灵活、工期短及可靠性高的多方面优势,因此在风资源观测领域应用越来越广泛。

应用较多的脉冲多普勒激光雷达测风的基本原理是激光通过光学天线和扫描机构发射到待测空气中,经气溶胶颗粒产生后向散射信号,产生多普勒频率变化,此频率正比于气溶胶颗粒运动速度(即风速)。此后向散射信号经光学天线采集后,与系统内本振光进行相干探测和数字解调,即可取得待测区域的风速、风向信息。

激光雷达测风的应用场景主要包括四种,一是前期测风替代,在项目前期策划阶段,进行短期测风以节省时间,在测风塔施工困难或冰冻较严重地区替代测风塔进行测风以提高测风代表性;二是特殊机位资源复核,在项目微观选址阶段,特殊机位可能存在风切变、湍流、风速大小等不确定的情况,通过激光雷达测风进行资源复核,降低项目实施风险;三是功率曲线测试,在风电机组功率曲线测试阶段,通过激光测风数据建立风电机组入流风速与机舱后风速间的传递函数,从而进行功率曲线测试;四是参与机组控制,应用于风电场建成后的运行维护阶段,主要采用机舱式激光雷达,进行机组偏航误差纠正、变桨控制、扇区管理等。

2.2　湖北省太阳能资源观测

受气象条件的影响,不同地区的太阳能资源存在较大差异。同时,由于太阳能利用方式多样,特点各异,使得在制定太阳能发展规划和激励政策时还应该依据太阳能资源的特点作出科学决策,而这都需要对我国的太阳能资源状况进行精细化的观测和评估。通过太阳能资源观测可以得到局地的准确数据,通过数据分析,可为资源评估、政府部门决策、企业光伏电站选址提供基础信息,也可为太阳能辐射的预测提供观测信息支持。

目前我国太阳辐射业务观测站稀少,空间分布不均匀,以及观测设备和观测方法的限制,导致现有的太阳辐射观测资料远远不能满足需求。目前,我国仅有国家级辐射观测站98个。

2.2.1　我国辐射观测发展历程

(1)1949年以前2个辐射站:北极阁和泰山站。

(2)1957年建立50多个站点的太阳辐射观测网,使用的主要是苏联仪器或仿苏仪器,但保存下来的数据不全。

(3)1981年1月1日开始使用世界辐射测量基准(WRR)。

(4)1993年开始布网新型太阳辐射遥测仪用于业务观测,共建设国家级辐射观测站点98个。其中,我国98个国家级辐射站分为3个等级,含一级站17个、二级站33个、三级站48个。

下面对三个等级的辐射站分别进行介绍。

一级站:在考虑行政区划的基础上,针对不同气候区、不同下垫面、不同大气污染状况开展太阳辐射观测。要求观测精度较高,观测项目较全,主要利用国产仪器观测。观测数据主要用于卫星反演模型建立、模式参数调整及针对太阳能特殊利用的观测试验等,可作为各省的太阳能资源评估试验基地和技术能力建设平台。

观测内容包括:水平面总辐射,净全辐射,直接辐射,散射辐射,反射辐射。

二级站:针对中国地域广大、地形复杂、气候类型多、大气环境局地性强的特性,从观测密度和区域代表性上满足对太阳能观测数据的需求。仅要求开展基本太阳辐射要素的观测,主要作模型校验和估算结果订正之用。在布局上,既要保证观测站全国分布的均匀性和互补性,同时兼顾各省观测子网的相对独立性,可以作为各省太阳能产业规划的观测基础。

观测内容:总辐射,净全辐射。

三级站:全国平均每 10 万 km^2 1 个辐射观测站。

观测内容:总辐射。

三种级别的辐射观测站具体如图 2.4 所示。

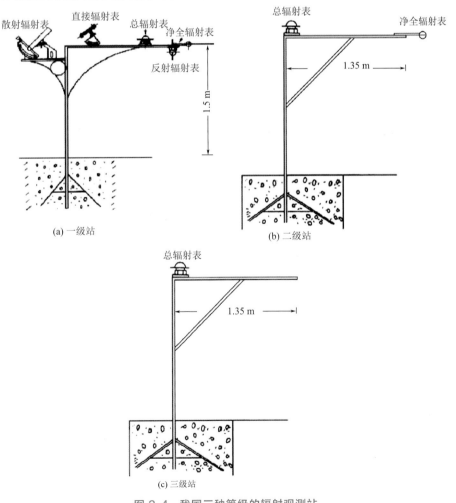

图 2.4　我国三种等级的辐射观测站

(5)根据新的站网建设规划,计划将全国辐射观测站点增加至 337 个,含一类站:22 个;二类站:127 个;三类站:188 个。

其中,一类站主要针对全国气候系统关键观测区和太阳能资源丰富区开展基本太阳辐射量、太阳光谱、与太阳能利用直接相关的工程参数、气溶胶光学厚度等的观测。

二类站在太阳能资源丰富区补充部分站点开展基本太阳辐射量和太阳能利用相关工程参数的观测。

三类站主要从观测密度上满足对太阳能观测数据的需求,重点在太阳能资源开发利用潜力较大的地区开展加密观测。

观测项目也增加了很多,除了观测光热和光电性的直接、散射和反射辐射外,还增加了倾斜面辐射、单双轴跟踪面辐射、垂直面辐射及气溶胶光学厚度等其他辐射观测项目,具体如表 2.2 所示。

表 2.2 三类太阳能资源观测站观测项目对比

观测类型	项目	一类站	二类站	三类站
光热型辐射表	水平面总辐射	√	√	√
	纬度倾斜面总辐射	√	√	
	直接辐射	√	√	√
	散射辐射	√	√	√
	反射辐射	√	√	√
光电型辐射表	水平面总辐射	√	√	
	纬度倾斜面总辐射	√	√	
	纬度±15°倾斜面总辐射	√		
	东南西三个垂直面	√		
	双轴跟踪面总辐射	√		
	单轴跟踪面总辐射	√		
	直接辐射	√	√	
	散射辐射	√	√	
	反射辐射	√		
其他观测项目	分光谱辐射	√		
	光合有效辐射	√		
	紫外辐射	√		
	向上向下长波辐射	√		
	标准光伏电池	√		
	气溶胶光学厚度	√		

2.2.2 湖北省辐射观测站发展情况

目前,湖北省具有两个国家级辐射观测站,分别位于武汉和宜昌。辐射观测起始时间为1951 年,观测要素包括总辐射、直接辐射、散射辐射和日照时数。此外,还包括五个省级辐射观测站,分别位于荆州、孝感、随州、英山和南漳,观测要素为总辐射,自 2015 年 8 月开始观测。两个国家级辐射观测站和五个省级辐射观测站的具体分布如图 2.5 所示。

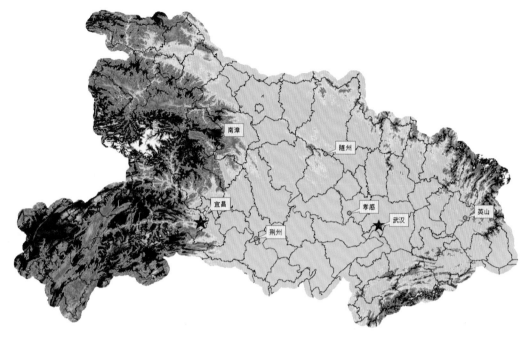

图 2.5　湖北省辐射观测站点分布图

2011 年 3 月湖北省气象局在业务大楼楼顶建成了装机容量约为 18 kWp* 的光伏发电示范电站、6 要素自动气象站和 3 要素辐射观测站,开展了单晶硅、多晶硅、薄膜 3 种材料,17 个安装倾角以及固定、单跟踪、多跟踪等安装方式的全天候光伏发电效率试验。该光伏示范电站采用用户侧并网方式,所发电量全部送入大楼电力系统,累计发电量已超过 25000 kW·h,同时积累了大量宝贵的试验资料。

---

* kWp 为光伏发电系统的装机容量单位,千瓦峰值。

第 3 章
风能太阳能资源评估服务

3.1 风电场风能资源评估

3.1.1 技术方法

（1）风电场主要气候特征

根据风能资源评价区域选择合适的参证气象站开展气候特征分析,主要包括气候概况、风的气候特征及其他影响较大的灾害性天气（雷暴、低温）等。

（2）现场测风资料分析

选择风能资源评价区域测风塔现场观测满 1 a 的测风数据,依据《风电场风能资源评估方法》（GB/T 18710—2002）及《风电场气象观测资料审核、插补与订正技术规范》（GB/T 37523—2019）对数据的完整性和合理性进行检验,并对缺测和无效数据进行插补订正,得到各高度层完整的测风序列,在此基础上开展测风资料的分析,分析内容包括以下 10 项。

①空气密度:分析测风塔观测年度逐月平均空气密度。空气密度直接影响风能的大小,在同等风速条件下,空气密度越大风能越大。

②平均风速:分析测风塔各高度层平均风速的年变化和日变化。

③最大风速与极大风速:分析测风塔各高度层最大风速和极大风速年变化。

④风功率密度:分析测风塔各高度层平均风功率密度年变化及日变化。

⑤风速频率和风能频率:分析测风塔各高度层各风速段小时数、有效风速频率及各风速段有效风能频率。

⑥风向频率:分析测风塔各高度层全年各风向频率。

⑦风能方向频率:分析测风塔各高度层全年风能方向频率。了解测风塔风能方向频率分布和风向频率分布是否一致,分布特征是否有利于风机的排列布局及风能的利用。

⑧湍流强度:分析测风塔各高度层有效风速段和 15 m/s 风速段的大气湍流强度。湍流强度表示瞬时风速偏离平均风速的程度,是评价气流稳定程度的指标。大气湍流强度与地形、地表粗糙度和影响的天气系统类型等因素有关。

⑨风切变指数:分析测风塔不同高度风切变指数。风切变指数主要用于掌握近地层风速的垂直变化特征。近地层风速的垂直分布主要取决于地表粗糙度和低层大气的层结状态。

⑩风频曲线及威布尔分布参数:采用威布尔分布对风频曲线拟合。

（3）长年代风能资源评估

探空资料可以较好地撇除地面观测站受周边环境等变化而造成的风速减少,因此可采用周边国家气象站相近海拔高度的探空风速历史资料以及 MERRA-2 再分析资料进行长年代风能资源评估,计算测风塔各高度长年代平均风速及平均风功率密度（图 3.1）。

（4）区域风能资源数值模拟

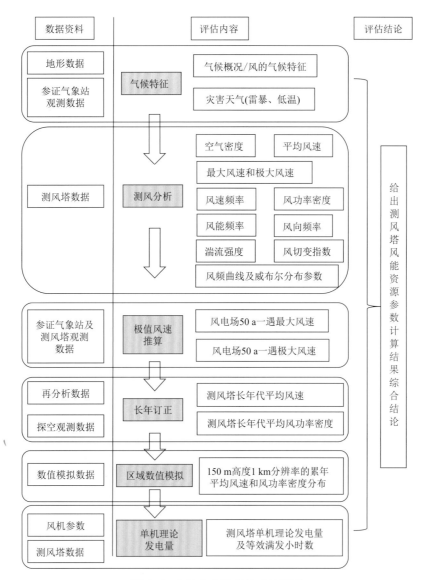

图 3.1　风能资源评估技术流程图

根据大气动力学、热力学基本原理建立基于气象模式的高分辨率风能资源数值模型,模拟风电项目区域风资源分布状况。模拟结果可以填补无测风地区风资源状况的空白,并且对风电场选址有重要的价值。

(5)风电场 50 a 一遇最大风速及极大风速推算

利用参证气象站逐年 10 min 平均最大风速资料,采用能源行业标准《风电场工程风能资源测量与评估技术规范》(NB/T 31147—2018)推荐的极值 I 型分布函数,计算气象站 50 a 一遇最大风速。

采用测风塔最高层日最大风速与参证气象站同期日最大风速为样本,计算日最大平均风速大于或等于 6 m/s、5 m/s、4 m/s 情况下以及以旬、月、5 d 为间距的两地日最大风速的

19

相关性及比值。选择两地日最大风速相关性较好的情况建立线性相关方程,将气象站 50 a
一遇最大风速推算到测风塔处,并计算得到测风塔最高层标准空气密度下 50 a 一遇最大风
速。采用阵风系数将重现期 10 min 平均风速换算为极大风速(阵风),推算得到测风塔最高
层标准空气密度下 50 a 一遇极大风速。

(6)单机理论发电量估算

采用推荐机型标准空气密度下的功率曲线,根据测风塔长年代风速序列,结合各风机机
型、轮毂高度,在理论发电量的基础上,考虑空气密度、风机尾流、风机可利用率、能量损耗、
覆冰等影响因素,估算风机综合折减系数,最终得到测风塔标准空气密度下的长年代单机理
论年发电量。

3.1.2 评估成果

3.1.2.1 风能资源详查评估

通过风能资源详查评估发现湖北省风速较大区域主要集中在"三带一区",即荆门—
荆州的南北向风带、枣阳—英山北部风带、部分沿湖地带、鄂西南和鄂东南部分高山地区。
设塔观测的风速较大区域均位于"三带一区"中,为了研究不同地形条件下风速的变化特
征及风速与地形的关系,在"三带一区"中根据地形特征,选取大悟仙居顶、钟祥华山观、随
州大风口、崇阳大湖山和黄梅龙感湖 5 个区域作为代表,大悟仙居顶、钟祥华山观、随州大
风口地处湖北省冷空气南下通道上,崇阳大湖山代表湖北省高山地区,黄梅龙感湖代表湖
区(图 3.2)。

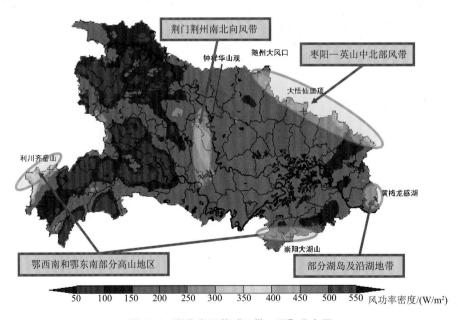

图 3.2 湖北省风能"三带一区"分布图

从 50 m 高度风速情况来看,上述"三带一区"风速较大,均在 5.5 m/s 以上,尤其枣阳至
英山中北部风带、鄂西南和鄂东南部分高山地区风速 7.0～8.0 m/s。50 m 高度的风功率密

度在 $250\sim400$ W/m^2。从 70 m 高度风速情况来看，齐岳山风速最大，可达 $7.0\sim7.5$ m/s，鄂北岗地枣阳至英山一带和江汉平原西部平均风速较大，在 $5.0\sim6.0$ m/s，鄂北部分海拔较高地区达到 $6.0\sim6.5$ m/s。神农架和巴东部分山区，宜城、钟祥东部，江汉平原南部等地风速也较大，在 $5.0\sim5.5$ m/s，巴东部分高海拔地区风速达到 $6\sim6.5$ m/s。70 m 高度风功率齐岳山风功率密度最大，可达 $300\sim400$ W/m^2。鄂北岗地随州至英山一带，江汉平原东部荆门至荆州一带，巴东及神农架部分山区风功率密度较大，达到 $250\sim300$ W/m^2。孝感、京山及江汉平原南部风功率在 $200\sim250$ W/m^2。

各详查区域风能资源具有以下特征。

(1)山区风速存在等风层或风速随高度减小的情况

湖北省山区风速随高度变化比较复杂，总的来说，随高度增加，风速增加很小，在 $30\sim70$ m 或 $50\sim70$ m 高度有等风层或风速随高度减小的情况，这是湖北省高海拔地区风速随高度变化的特殊规律。但湖区与山区风速随高度的变化特征不一样，在湖区，最大风速随高度的增加而增加。各详查区风速切变指数在 $0.02\sim0.105$。

(2)风能分布较集中

各详查区域风向分布与风能方向分布一致，即风向频率高的风向，其风能频率也大。主导风向及风向频率次多风向的风能频率之和，孝昌大悟山及钟祥华山观 2 个详查区域在 $35\%\sim45\%$，随州大风口、崇阳大悟山、利川齐岳山、黄冈龙感湖 4 个详查区域在 $50\%\sim70\%$。

(3)风速的年变化和日变化比较平稳

各详查区域测风塔 70 m 高度月平均风速在 $5.4\sim6.8$ m/s，春季平均风速最大，秋季最小，月平均风速最大值与最小值一般相差 $1\sim2$ m/s。风速日变化均呈单谷型特征，夜间风速比白天大，全年平均的小时平均风速最大值与最小值一般相差 $1.0\sim1.5$ m/s。

(4)湍流强度中等

各详查区域不同高度全风速段平均湍流强度在 $0.12\sim0.21$，强度为中等，15 m/s 风速段平均湍流强度一般在 $0.08\sim0.15$，湍流强度中等偏低。

(5)破坏性风速少

观测时段各详查区域 10 m、30 m、50 m 和 70 m 处年最大风速最大值分别为 21.9 m/s、20.7 m/s、21.2 m/s 和 23.2 m/s。按目前 1500 kW 机型的切出风速 22 m/s，破坏性风速的出现频率很低。

上述各详查区域风能资源特征有利于风能的利用和风机的排列布局，由于湖北省山区 $50\sim70$ m 风速基本相等，因此在风机选型时，同等功率的风机可选择轮毂高度低的风机，以节约成本。

3.1.2.2　山区风能资源评估

选取了湖北省内各区域测风资料观测质量较好且较完整的 12 个具有代表性的山区测风塔进行分析，并且将 12 个塔根据地形及海拔分为四类，即丘陵岗地、低山、中山和高山四种地形进行湖北省山区风能资源特征分析，得到如下结果：

(1)风速季节变化为春季大、秋季小，日变化为夜间大、白天小，日变化幅度相对较大的测风塔主要分布在 400～900 m 高度;风速主要集中在 3～9 m/s 风速段,有效风速频率在 79%～92%,10 m/s 以上风速频率在 8%～18%;最大风速超过 22 m/s 的频率很低,即破坏性风速出现少。

(2)风向频率较为集中,主要分布在偏南和偏北两个相反的方位;风能方向分布和风向频率分布基本一致。

(3)风速随高度变化较为复杂,10～30 m 高度风速增加幅度较大,50～80 m 高度存在等风层或风速随高度减小的情况;海拔在 700 m 以上的测风塔风切变指数较低海拔测风塔相对较小。有效风速段、大风及主导风向下的湍流强度均为中等。

湖北省山区破坏性风速少、风向分布集中且与风能方向分布一致、湍流强度中等,这些特征均有利于风资源开发及风机排列布局,但同时还需充分考虑山区风的特殊性,首先,冬季风速在全年处于中等水平,对整个风电场的运行效益至关重要,但山区冬季覆冰较为严重,可考虑使用具有抗覆冰功能的风机;其次,风速主要分布在中、低等风速段,在风机选型时尽量采用该风速段发电量高的风机,有利于风资源的充分利用;再次,50～80 m 高度存在等风层或风速随高度减小的情况,因此在机型轮毂高度选择上需慎重,若能在同等风速下选择较低轮毂高度可有效降低投资成本及安装难度;最后,山区风速的季节和日变化均有利于风、光、水资源的互补,因此在风电场规划初期,可充分考虑所在地理位置及地形,若周边有水体,可与水能互补,若山体较为平缓且植被稀少,可布设光伏电池板,与太阳能互补,这样可充分利用该区域资源,不但能增加发电量,而且能有效降低风电的波动性对电网的冲击,便于调度管理。

3.1.3　风能资源评估实例

以湖北省荆门市某风电场风能资源评价为例进行实例简要介绍。

(1)测风塔基本情况介绍

测风塔高 150 m,海拔为 53 m,风速观测设有 11 层,分别在 30 m、50 m、70 m、80 m、90 m、100 m、110 m、120 m、130 m、140 m、150 m 高度,其中 150 m 设有两个方向的风速观测;风向观测设有 2 层,分别在 30 m、150 m 高度;气温和气压观测均设在 7 m 处(表 3.1)。

表 3.1　测风塔设置一览表

仪器型号	塔高/m	海拔高度/m	风速层次/m	风向层次/m	温度层次/m	气压层次/m
NRG	150	53	30/50/70/80/90/100/110/ 120/130/140/150A/150B	30/150	7	7

(2)测风塔风能资源参数结果

根据以上一系列计算分析,得到测风塔风能资源的基本参数,详见表 3.2。由表 3.2 可知,该测风塔处风能分布集中,主导风向稳定,有效风速频率较高,大风情况下的湍流较小,这些特征有利于风机的稳定运行,因此风能资源具有较好的开发利用价值。该区域海拔较低,覆冰风险相对较小,较有利于风机的正常运行。

表 3.2　测风塔风能资源参数计算结果

风能参数		测风塔号	
		150 mA	150mB
长年代平均风速/(m/s)		5.5	5.3
年最大风速/(m/s)		23.2	22.7
年极大风速/(m/s)		29.4	29.4
风切变指数(30~150 m)		0.324	0.316
长年代平均风功率密度/(W/m²)		196.9	184.5
观测年风速频率	有效风速段	82.3%	80.1%
	9 m/s 以上风速段	14.4%	13.3%
主导风向		北	
湍流强度	3~22 m/s 风速段	0.136	0.140
	15 m/s 风速段	0.114	0.115
标准空气密度下 50 a 一遇/(m/s)	最大风速	35.3	/
	极大风速	45.9	/
长年代单机等效满负荷运行小时数/h	GW131/2200 kW	2299	/
	EN131/2200 kW	2444	/
	EN141/2500 kW	2468	/
	GW140/2500 kW	2347	/
	UP156/3000 kW	2414	/
	MySE156/3200 kW	2327	/

3.2　太阳能资源评估

3.2.1　基于气候学统计方法的资源评估

太阳能资源评估是太阳能光伏电站规划、设计、建设以及运营维护的基础性工作,通常利用拟建电站附近长期测站的辐射观测数据进行。但目前我国辐射观测站分布较为稀疏,尤其我国南方,局地气候多样,太阳能资源分布局地性强,仅依靠辐射站的观测数据难以描述无观测站地区的太阳能资源状况,通常需要通过其他要素进行推算。目前国内在太阳辐射量的气候学计算上已比较成熟,20 世纪 60 年代起,我国许多研究者探讨了太阳总辐射量和直接辐射量在我国的气候学计算方法,并给出了分区分月计算公式和经验系数等。随着太阳能资源开发利用的新需要,许多研究者从资源利用的角度,采用较新的资料对太阳辐射量在全国或区域的空间分布和变化规律进行了新的研究。这些研究中,以日照百分率为基础的水平面太阳辐射量统计计算方法最为普遍,可信度高。

对倾角固定的并网光伏电站项目设计而言,光伏组件的安装位置和倾斜角度将最终决定该项目是否能做到资源利用的最大化,并将影响建成后的发电量和盈利能力。因此,在项目设计中对项目所在地水平面和不同倾角斜面接受的太阳辐射量进行准确的计算和预估,并由此确定光伏组件的最佳倾角十分重要。

斜面辐射量的计算最早是由于研究山区气候的需要而产生,通过计算斜面辐射量和光伏阵列最佳倾角的方法,为太阳能系统设计提供了指导。但计算方法和原始数据各异,得到的结果也不一致。以武汉为例,采用散射辐射各向异性模型计算得到最佳倾角为24°,有研究按月进行计算,给出武汉的最佳倾角为19°,也有评估研究中采用的长江下游光伏阵列最佳倾角为40°。由此可以看出,目前对于最佳倾角的理论计算尚无定论,而在工程实际应用中,武汉地区阵列倾角常取为15°~20°,与杨金焕等(2009)给出的推荐值较为接近。

无辐射观测某地区,可以采用邻近气象站多年总辐射、直接辐射、日照百分率资料为基础,采用太阳辐射气候学推算方法和斜面辐射换算方法,推算出该地区的逐月太阳总辐射量、直接辐射量,并给出不同倾角斜面上的年总辐射量和最佳倾角计算方法及推荐最佳倾角,参考系列太阳能资源评估标准进行评价,从而实现太阳能资源综合评估。

3.2.1.1 评估方法

目前,被大家公认的总辐射和直接辐射气候学计算公式基于日照百分率进行求算,其公式如下:

$$Q = Q_0 (a + bs) \tag{3.1}$$

$$Q' = Q_0 (a's + b's^2) \tag{3.2}$$

式中,Q 为太阳总辐射(MJ/m^2),Q' 为直接辐射(MJ/m^2),Q_0 为天文辐射量(MJ/m^2),s 为日照百分率(%),a、b、a'、b' 为需要确定的经验系数。

天文辐射大小由太阳对地球的天文位置和各地纬度决定,其计算式如下:

$$Q_日 = \frac{T I_0}{\pi \rho^2} (\omega_0 \sin\varphi \sin\delta + \cos\varphi \cos\delta \sin\omega_0) \tag{3.3}$$

式中,$Q_日$ 为每日天文辐射量,T 为一天的长度(24×3600 s),I_0 为太阳常数(1367 W/m^2),φ 为当地纬度,δ 为赤纬,ω_0 为日末时角,ρ 为日地距离,由式(3.3)可求得每日天文辐射。在计算各月的太阳辐射平均值时,从逐日值中挑选与月平均值相近的作为各月代表日,并由此求得天文辐射各月平均值。

可以采用无辐射观测地区邻近辐射站 a、b 系数进行推算,具体做法为逐月建立推算方程。首先将辐射站多年同月份所有太阳总辐射(Q)和直接辐射(Q')与日照百分率(s)序列进行整理,按以上方法计算出逐月天文辐射值,通过最小二乘法确定各月 a、b、a'、b' 系数,最终得到逐月推算公式,结合所求地区的逐月日照百分率序列资料,即可用于推算该地区逐月水平面太阳总辐射和直接辐射。散射辐射量则通过总辐射量与直接辐射量的差值求出。

无论是从气象站直接得到的资料,还是采用气候学推算的资料,均为水平面上的太阳辐射量,而为了获得年最大总辐射量,光伏阵列均是倾斜放置的,因此需要将水平面辐射量计算结果换算成倾斜面上的辐射量才能进行发电量的估算。倾斜面上的太阳辐射量由太阳直接辐射量、太阳散射辐射量和太阳反射辐射量三部分组成。

斜面辐射和最佳倾角的计算中,散射和地面反射采用各向同性模型,按月推算正南朝向、不同倾角斜面的总辐射量,并累加得到斜面年总辐射量。比较不同倾角的斜面年总辐射量,即可得到光伏阵列年接收辐射量最大情况下的最佳倾角。

太阳散射辐射计算方法有许多,在计算建模时可以根据实际需要进行选择,本研究假定散射和地面反射是各向同性的,参考 Temps 等(1977)的计算方法,方位角为 0°(正南朝向)倾斜面上的太阳总辐射月总量计算公式为:

$$Q_S = D_S + S_S + R_S \tag{3.4}$$

$$D_S = D_H \cdot R_b \tag{3.5}$$

$$S_S = S_H \cdot \left(\frac{1 + \cos\beta}{2} \right) \tag{3.6}$$

$$R_S = Q_H \cdot \left(\frac{1 - \cos\beta}{2} \right) \cdot \rho \tag{3.7}$$

$$R_b = \frac{\cos(\varphi - \beta) \cdot \cos\delta \cdot \sin\omega + \frac{\pi}{180}\omega \cdot \sin(\varphi - \beta)\sin\delta}{\cos\varphi \cdot \cos\delta \cdot \sin\omega + \frac{\pi}{180}\omega \cdot \sin\varphi \cdot \sin\delta} \tag{3.8}$$

式中,Q_S、D_S、S_S、R_S 分别为倾斜面上的总辐射、直接辐射、散射辐射和反射辐射月总量,Q_H、D_H、S_H 分别为水平面上的总辐射、直接辐射、散射辐射月总量。R_b 为倾斜面和水平面上的日太阳直接辐射量之比的月平均值。β 为倾斜面倾角,ω 代表日落时角,ρ 为月平均地表反射率(表 3.3)。

表 3.3 不同地物表面反射率

地物表面状态	反射率	地物表面状态	反射率
沙漠	0.24~0.28	干草地	0.15~0.25
干燥地	0.10~0.20	湿草地	0.14~0.26
湿裸地	0.08~0.09	森林	0.04~0.10

3.2.1.2 评估案例

拟建太阳能光伏电站工程位于鄂东南的咸宁市区,距离站址最近的气象站为咸宁气象站,该站有日照时数观测,并可得到日照百分率资料,但无辐射观测。距站址最近的辐射观测站为武汉气象站,位于咸宁城区正北方向约 90 km,为国家气候观象台和一级辐射观测站,该站自 1961 年 1 月起进行完整的辐射要素观测,包括总辐射、直接辐射、散射辐射、净辐射和反射辐射。

采用的计算基础资料包括 1961—2009 年武汉站逐月的月日照时数、日照百分率,水平面太阳总辐射、直接辐射、散射辐射,以及咸宁站逐日日照时数、逐月日照时数和日照百分率等。所有资料均经过了检查,部分缺失的资料采用多年平均的对应月值替代,1981 年前的总辐射资料均乘以系数 1.022。

由于咸宁距武汉站仅 90 km,且气候状况相似,因此本节直接采用武汉站 a、b 系数进行推算,具体做法为逐月建立推算方程。首先将武汉站 1961—2009 年同月份所有太阳总辐射

（Q）和直接辐射（Q'）与日照百分率（s）序列进行整理,每个月样本长度为 49。按以上方法计算出逐月天文辐射值,通过最小二乘法确定各月 a 、b 、a' 、b' 系数,最终得到的逐月推算公式,结合咸宁站逐月日照百分率序列资料,即可用于推算咸宁地区逐月水平面太阳总辐射、直接辐射和散射辐射。

图 3.3 给出了咸宁站 1961—2009 年日照时数和日照百分率的年（代）际变化情况,可以看出,咸宁站日照时数和日照百分率变化趋势大体均是波动缓慢下降,从 20 世纪 60 年代的 1900 h 和 45％左右下降到 2009 年的 1500 h 和 35％左右,咸宁 1961—2009 年平均年总日照时数为 1710 h。

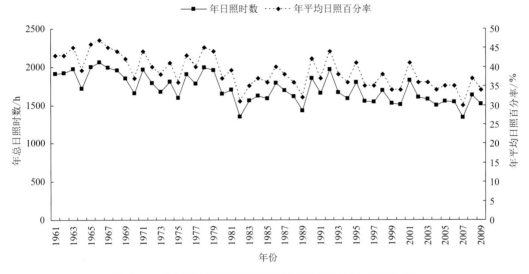

图 3.3　咸宁站日照时数和日照百分率变化(1961—2009 年)

利用各月 a 、b 、a' 、b' 系数计算出咸宁站 1961—2009 年逐月的太阳总辐射月总量,统计可得直接辐射和总辐射年总量和多年平均的月平均直接辐射和总辐射日总量。受日照时数下降等影响,咸宁站近 49 a 来总辐射量和直接辐射量呈波动下降趋势,直接辐射量的下降较总辐射更为明显,总辐射量的下降主要是由于直接辐射量的下降导致的,这与全球地面辐射下降的大趋势一致,还与观测环境变化相关。而散射辐射年际变化相对较小,呈缓慢上升趋势。统计表明,1961—2009 年平均年总辐射量为 4091.4 MJ/m²,折合峰值日照时数为 1136 h。年直接辐射量为 1683.0 MJ/m²。散射辐射量则可由推算的总辐射量减去直接辐射量而得到,咸宁年平均散射辐射量为 2408.4 MJ/m²,研究还发现,咸宁散射辐射要比直接辐射量大,而且差值越来越大,差值在 500.0~900.0 MJ/m²(图 3.4)。

可以看出,咸宁地区年平均总辐射量均处于全国太阳能资源丰富区[3780 MJ/(m²·a)≤ R_s<5040 MJ/(m²·a)或 1050 kW·h/(m²·a)≤ R_s<1400 kW·h/(m²·a)]。

图 3.5 给出了总辐射和直接辐射的月总量变化,可以发现,咸宁的辐射量夏季大、冬季小,7 月的月总辐射量和月直接辐射量最大,分别为 531.5 MJ/m² 和 263.4 MJ/m²;1 月的月总辐射量和月直接辐射量最小,为 209.3 MJ/m² 和 78.9 MJ/m²。散射辐射量则是在 6 月最大,12 月最小,分别为 274.7 MJ/m² 和 122.4 MJ/m² 左右。除 7 月散射辐射量与直接

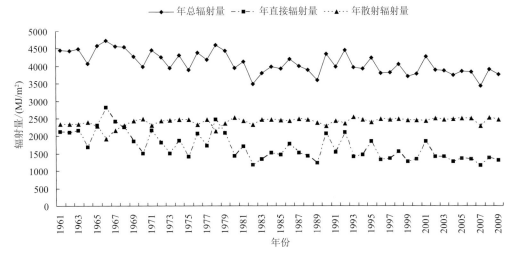

图 3.4　咸宁站水平面总辐射和直接辐射年总量变化(1961—2009 年)

辐射量大体相当外,各月直接辐射量均显著小于散射辐射量。

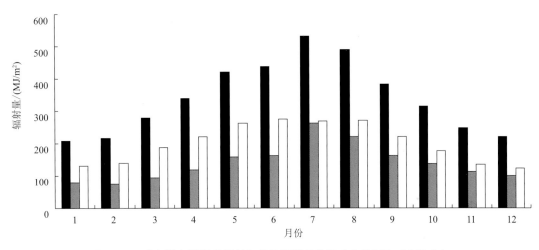

图 3.5　咸宁站水平面总辐射和直接辐射月总量变化(1961—2009 年)

图 3.6 给出了咸宁站直射比的年际和月际变化。可以看出,咸宁站直射比从 20 世纪 60 年代开始一直在波动中略下降,80 年代以前在 0.40～0.60 波动,21 世纪以来直射比约为 0.38。多年平均(1961—2009 年)直射比为 0.41,因此,咸宁地区辐射形式等级处于散射辐射较多(C)等级。

从月变化来看,7 月是最高的月份,夏季 7 月在 0.5 左右,上半年的 1—6 月直射比最小,在 0.4 以下。整体来看,下半年 7—12 月的直射比要大于上半年 1—6 月,这也是湖北东部地区雨水、云量的变化特征的反映。

按照公式(3.8),利用咸宁站 1961—2009 年逐月日照时数资料进行计算,结果咸宁日照时数大于 6 h 的天数为 158 d,k 值为 2.22,表明咸宁地区太阳能资源年变化较为稳定,有利

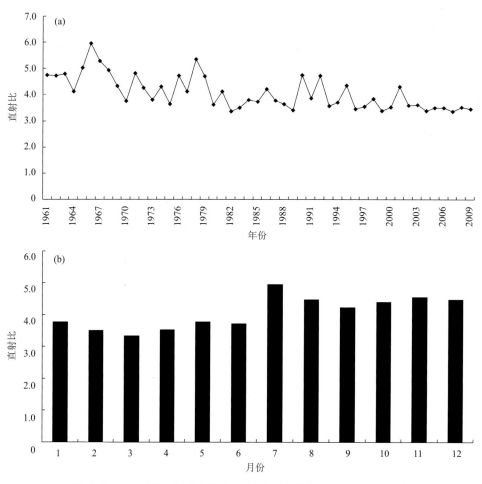

图 3.6　咸宁站直射比的年际变化(a)和月变化(b)(1961—2009 年)

于太阳能资源的利用。

采用斜面总辐射量的计算方法,以 1°为计算间隔,分别以多年平均的水平面辐射量为基础,计算了咸宁站方位角为 0°(正南朝向)、倾角为 0°～30°的斜面上 1961—2009 年平均的太阳总辐射月总量,最后逐月累加得到年总量,结果见图 3.7。可以发现,随着斜面倾角的变大,斜面上的年总辐射量呈单峰型的变化趋势,存在一个极大点为 18°(图 3.7),斜面年总辐射量为 4224.6 MJ/m²,比水平面年总辐射量大将近 3.3%,约 133.2 MJ/m²。这个计算结果与目前多数研究结论和工程实际采用的角度较为接近,倾角角度比工程所在地咸宁的纬度低了约 12°。

图 3.8 给出了倾角为 18°的最佳倾角斜面各月份日平均总辐射与水平面的对比,倾斜面在 4—8 月接收的辐射量小于水平面的,也就是说,倾斜放置的太阳能光伏阵列是牺牲了夏季太阳高度角较高时的直接辐射量,而较多地获取了冬季的直接辐射量。

对于并网光伏电站而言,每年输出的能量可用下式进行计算:

$$E_{out} = H_t P_0 PR \tag{3.9}$$

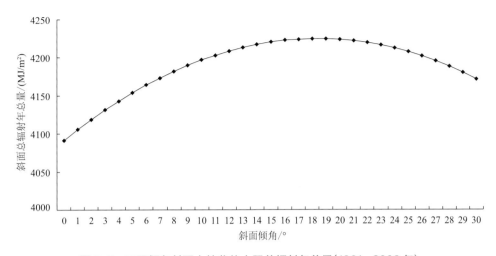

图 3.7　不同倾角斜面上接收的太阳总辐射年总量(1961—2009 年)

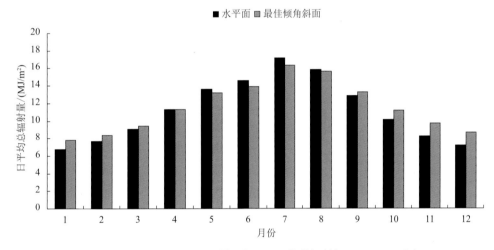

图 3.8　水平面和最佳倾角斜面各月日平均总辐射(1961—2009 年)

式中，E_{out} 为电站每年可能输出的能量，H_t 为方阵面上的年太阳辐射量，P_0 为方阵的容量，PR 为方阵到电网的综合效率，一般情况可取 0.75。

该光伏电站太阳能电池设计总容量为 1500 kWp，若全部按最佳倾角 18°，方位角为 0°安装，则该光伏电站每年约可发电 1.32×10^6 kW·h。

3.2.2　基于卫星遥感反演方法的资源评估

目前有许多研究将目标转向利用卫星遥感数据计算地面太阳辐射量或日照百分率上，这些研究可以分为两类，第一类为采用辐射传输模型的计算方案；第二类为经验统计模型计算方案。这些研究基本解决了农业气象、太阳能利用等需求领域对气象站点所在地太阳辐射计算的需求，但由于这些模型或是基于辐射数据与气象站日照百分率数据相关关系建立，或基于卫星遥感数据与地面辐射观测建模，其计算结果空间精度和准确率均受制于辐射站点密度。

本节采用统计模型反演的思路,同时利用卫星遥感产品高分辨率的特性以及地面观测数据高准确率的信息,采用两步法计算地面太阳辐射:第一步利用 MODIS 卫星遥感云量产品与地面观测日照百分率之间的相关关系建模,计算各格点上各月日照百分率;第二步采用日照百分率反演地面太阳辐射量经典模型,计算各格点各月太阳总辐射量。

3.2.2.1 评估方法

第一步,根据 MODIS 遥感云量和地面气象站实测日照百分率之间的负相关关系,分不同气候区建立格点日照百分率计算模型。

根据日照百分率与云量良好的负相关关系,建立日照百分率遥感计算模型,为一元线性拟合,以总云量作为日照百分率的影响因子。模型计算式为

$$SR_g = a + b \times CL^P \tag{3.10}$$

式中,SR_g 为气象站日照百分率观测资料;CL^P 为以气象站所在位置为中心的 15 km × 15 km 正方形区域内的平均总云量值;a、b 为各日照气候区模型待定系数,利用区内气象站日照百分率观测月值数据与对应的月平均遥感云量数据采用最小二乘法拟合得到。

第二步,利用日照百分率和太阳总辐射量观测值,通过相关分析建立格点逐月太阳总辐射量计算模型。水平面太阳总辐射的计算采用最典型的 Angstrom 模型,即

$$E = E_0(a_1 + b_1 \times SR_g) \tag{3.11}$$

式中,E 为水平面太阳总辐射量,E_0 为计算起始辐射,SR_g 为日照百分率,a_1、b_1 为模型待定系数,采用分站点建模确定,即利用各站点的逐月日照百分率及对应的月太阳总辐射量拟合得到各自系数。依据相关研究,E_0 采用天文辐射作为计算起始值计算简便,相对误差较小,因此本研究的起始值 E_0 也采用天文辐射。

将拟合计算得到的各站 a_1、b_1 系数值采用反距离权重法插值到各格点上,再应用总辐射量计算模型,以各格点日照百分率为基础计算得到各格点各月水平面总辐射值。在进行模拟和观测对比检验时,辐射观测站点的总辐射模拟值利用最邻近 4 个格点的总辐射值采用双线性插值的方法得到。

3.2.2.2 评估案例

四川省是省内海拔、地形和气候差异最显著的省级行政区之一,省内各地日照和太阳辐射差异巨大,因此研究太阳辐射计算模型在四川省不同气候类型区域的适用性十分有价值。利用本研究建立的模型对四川省各月和全年地面太阳辐射量进行计算,并利用辐射站观测数据检验模型计算效果,以期提高地面太阳辐射计算的空间精度,为四川省太阳能资源利用提供准确依据。

考虑到四川省地形复杂、各气象要素垂直差异大,因此使用 K 均值聚类分析的方法,基于四川各气象站日照百分率月值和海拔高度数据将四川省分为三个日照气候区,分别进行计算,分别为四川盆地、川西高原和川南山地,各区域分界线及气象站点分布见图 3.9。其中四川盆地各站海拔均在 800 m 以下,区内包括 98 个气象站,其中成都、绵阳、纳溪三站为辐射站;川西高原海拔在 3000 m 以上,区内包括 34 个气象站,其中甘孜、红原两站为辐射站;川南山地大部海拔在 1000~2000 m,区内包括 20 个气象站,其中攀枝花站为辐射站。

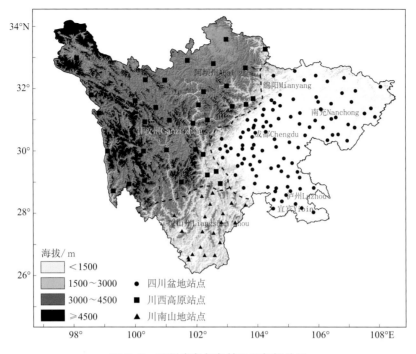

图 3.9　四川省各气象站日照气候分区

（1）月平均遥感总云量数据分析

对 2016—2018 年涵盖四川省范围的 MOD/MYD06 数据进行处理，获得了四川省各月平均遥感总云量分布。分别选取 1 月、4 月、7 月和 10 月作为冬春夏秋四个季节的代表月进行分析，结果见图 3.10。由图可见，冬季代表月（1 月）四川省内云量差异最为显著，四川盆地大部平均云量在 80% 以上，最大可达 98%，在盆地边缘地区月平均云量值具有很显著的跳跃变化；川西高原南部平均云量很小，大部分为 30% 以下，最小的为 16%，北部云量多在 30%～50%；川南山地大部云量在 30%～40%。春季代表月（4 月）省内云量变化范围在 34%～97%，其中四川盆地大部在 70%～95%；川西高原在 60% 左右；川南山地云量最小，为 34%～40%。夏季代表月（7 月）是全省整体云量最高的季节，川西高原中、南部和川南山地在 90% 左右，川西高原北部地区云量在 40%～50%；四川盆地云量在 70%～80%。秋季代表月（10 月）四川盆地云量在 80%～95%，川西高原在 23%～50%，川南山地在 40% 左右。

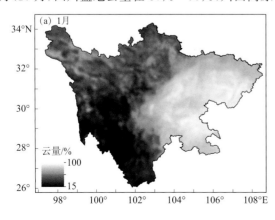

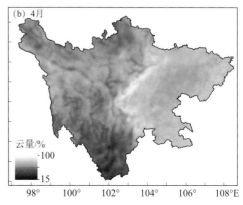

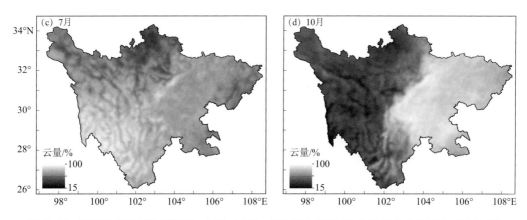

图 3.10　四川省四季代表月(1 月、4 月、7 月、10 月)遥感月平均总云量分布(2016—2018 年)

从各个气候区季节变化情况来看,四川盆地秋冬季节云量较高,春夏季节云量相对较低;该区域云量季节差异较小,最大与最小月份差异在 20% 以内。川西高原和川南山地云量则呈现与四川盆地季节变化相反的夏高冬低变化趋势,且这两区域云量季节差异较大,从1 月约 20% 到 7 月的 90%,其季节变化达 70 个百分点。

(2)日照百分率模拟结果

利用 3 个分区的 a、b 系数,应用格点日照百分率计算模型,计算得到四川省各月格点日照百分率分布。图 3.11 给出了 4 个代表月的月平均日照百分率分布,由图可见,其基本空

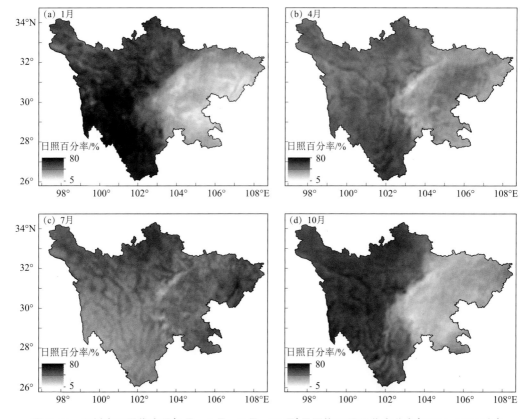

图 3.11　四川省四季代表月(1 月、4 月、7 月、10 月)月平均日照百分率分布(2016—2018 年)

间分布特征和季节变化趋势与遥感云量基本一致。冬季代表月(1月)四川盆地大部日照百分率小于20%,川西高原南部和川南山地在70%以上;春季代表月(4月)各气候区日照百分率在40%~60%;最大值出现在川南山地南部;夏季代表月(7月)日照百分率分布空间差异相对较小,最大值约65%,出现在四川盆地东部,其他地区在30%~50%;秋季代表月(10月)川西高原和川南山地地区在50%左右,四川盆地在15%~30%。

(3)总辐射量模拟结果

利用插值到格点的 a_1、b_1 系数以及各月格点日照百分率值,通过模型计算得到四川省各月格点总辐射量分布。图3.12给出了四川省四个季节代表月及全年的总辐射量计算结果。由图可见,冬季代表月(1月)是全年辐射量最小的月份,空间分布上东少西多且差异较大,最大值在川西高原甘孜西南部约457 MJ/m²,最小值在四川盆地东南部约110 MJ/m²,省内最大值是最小值的4倍左右;春季代表月(4月)辐射量最大值仍在川西高原西南部,约648 MJ/m²,最小值在四川盆地西部,约290 MJ/m²;夏季代表月(7月)是全年辐射量最大的月份,空间分布差异较小,最大值在川西高原北部,约717 MJ/m²,最小值在四川盆地西部,约366 MJ/m²,省内最大值是最小值的2倍左右;秋季代表月(10月)最大值在川西高原西部,约562 MJ/m²,最小值在四川盆地南部,约180 MJ/m²。

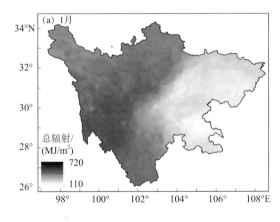

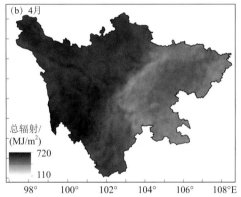

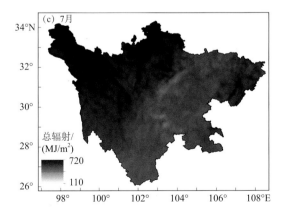

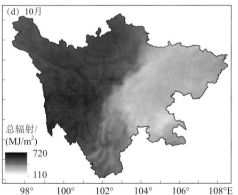

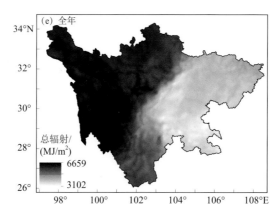

图 3.12 四川省四季代表月(1月、4月、7月、10月)和年总辐射量分布(2016—2018 年)

四川省年总辐射量在 3102～6659 MJ/m² ,从四川盆地东南部向川西高原西部递增,随着海拔等变化具有明显空间分布差异。与其他采用地面气象站数据为基础得到的四川省总辐射量研究结果相比,不同区域的总辐射量基本相当,但其精细化程度明显较高,能够反映出海拔高度变化和较大山体影响导致的空间变化。年总辐射量大值区出现在川西高原西部,在 6200 MJ/m² 以上;川西高原北部次之,年总辐射量在 5000～6200 MJ/m²;川南山地年总辐射量在 4800～5900 MJ/m²;四川盆地总辐射量最小,大部在 3100～4000 MJ/m²。

(4)模拟值与实测值对比

利用四川省 6 个辐射站 2016—2018 年总辐射实测值对模拟值进行检验。由表 3.4 可见,分布在不同气候区的 6 个辐射站年总辐射量计算绝对误差均小于 100 MJ/m²,相对误差均小于 1.60%;其中攀枝花站相对误差最大,为 1.59%,绵阳站最小,为 0.65%,说明模拟结果与实际观测值偏差较小。

表 3.4 四川省 6 个辐射站年总辐射量实测值与模拟值对比(2016—2018 年)

站点	模拟值/(MJ/m²)	实测值/(MJ/m²)	绝对误差/(MJ/m²)	相对误差/%
甘孜	6535.20	6634.57	−99.37	1.50
红原	6117.95	6181.97	−64.02	−1.04
绵阳	3657.02	3603.57	53.45	1.48
成都	3344.43	3388.05	−43.62	1.29
攀枝花	5989.70	5895.95	93.75	1.59
纳溪	3469.35	3511.44	−42.09	−1.20

图 3.13 给出了 6 个辐射站月平均总辐射模拟值与同期实测值的对比情况。由图可见,各站月平均辐射计算值与实测值变化曲线均较为接近,大多数月份的模拟绝对误差在 20 MJ/m² 以下,表明模型计算结果基本能反映实际太阳总辐射的月变化情况。四川盆地的成都、绵阳、纳溪三站月辐射模拟最大绝对误差分别为 43.21 MJ/m²、29.94 MJ/m² 和

27.02 MJ/m²，分别出现在 8 月、7 月和 8 月，均在夏季；川西高原的甘孜、红原两站月辐射
模拟最大绝对误差分别为 22.25 MJ/m² 和 21.51 MJ/m²，出现在秋季的 9 月和 10 月；川
南山地的攀枝花站月辐射模拟最大绝对误差为 51.89 MJ/m²，出现在秋季的 10 月。

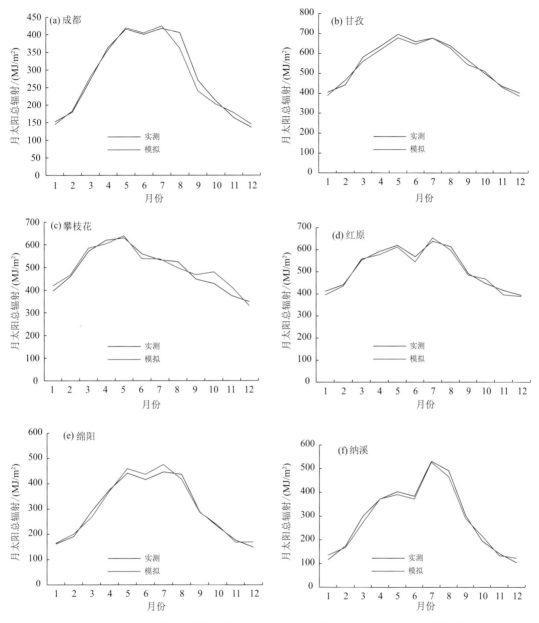

图 3.13　四川省 6 个辐射站月总辐射量变化计算值与实测值对比(2016—2018 年)

3.3 风能资源模拟和评估

依据多源观测资料,结合风电技术可开发量的计算方法,同时考虑生态红线、天然林、永久农田等多种限制措施,在综合考虑多种因素的基础上,摸清某区域详细的资源分布特征、储量、技术可开发量,对区域的风能资源进行详细的科学规划非常有必要。

3.3.1 风资源指标构建

在风电开发过程中,风能资源指标一般指离地面100～200 m高度风速和风功率密度。

100～150 m高度风资源取自全国陆地风能资源高分辨率(1 km)评估(30 a平均)数据集,该套数值模拟资料融合了测风塔实际测风资料。

3.3.1.1 模式系统及简介

本次数值模拟采用中尺度模式WRF和CALMET模式系统共同完成。

CALMET为CALPUFF模型中的网格化气象风场模块,其核心部分包括诊断风场以及微气象场模式,它通过质量守恒连续方程对风场进行诊断,在输入模式所需的WRF中尺度气象模式输出场后,模拟并生成包括逐时的风场、混合层高度、大气稳定度和微气象参数等的三维风场和微气象场资料。

(1)模式参数设置

中尺度模式选用WRF,垂直分辨率为31层,模式采用两层嵌套,中心经纬度为(31.00°N,112.25°E),模式外层网格区域大于等于东西2600 km及南北1800 km,网格点为73×103,外层格点分辨率27 km。内层网格范围包括湖北全省,网格点为55×94,格点分辨率9 km。

小尺度模式选择CALMET,CALMET垂直分辨率为15层,由于CALMET计算范围的局限,分东、西两块计算湖北省的详查区风能资源,西部格点为496×487,中心经纬度为(31.00°N,110.71°E);东部格点为496×487,中心经纬度为(31.00°N,113.79°E);格点分辨率均为1 km。

物理过程参数化有:湿微物理过程参数化、边界层物理过程参数化、积云参数化、云辐射参数化、土壤温度模式、浅对流。投影方式采用Lambert投影,边界层物理过程参数化使用MRF方案。外层嵌套网格选用积云参数化,内层网格不选积云参数化方案。具体参数设置详见表3.5。

表3.5 模式物理过程的参数化方案

选项变量	选项名	设置值
RUNTIME_SYSTEM	运行模式的计算机系统	Linux
FDDAGD	格点分析同化	无
FDDAOB	测站同化	无

选项变量	选项名	设置值
MAXNES	模拟中的区域数	2
IMPHYS	显式方案的选项	简单冰
MPHYSTBL	显式方案使用查找表	不使用
ICUPA	积云参数化的选项	Grell
IBLTYP	行星边界层方案的选项	MRF 行星边界层
FRAD	大气辐射方案的选项	云方案
IPOLAR	极地模式	无
ISOIL	土壤模式	多层土壤模式
ISHALLO	浅对流方案	不使用

（2）模拟方案

模拟时段为 12 个月，WRF 逐日进行模拟，积分时间 36 h。起算时间为每日 12 时（世界时），第三日 00 时终止。模拟结果逐小时输出，统计分析采用模式输出的后 24 h 的逐时模拟结果。

每小时输出一次各高度层上、每个格点上的风向、风速以及地面温度、相对湿度和气压。输出时间为正点时间，即北京时 09 时、10 时、11 时、12 时、13 时、14 时、15 时、16 时、17 时、18 时、19 时、20 时、21 时、22 时、23 时、24 时、第二日 01 时、02 时、03 时、04 时、05 时、06 时、07 时、08 时。

（3）输入资料

中尺度模式地形地表资料采用 30″水平分辨率的 USGS 资料。CALMET 模式地形资料采用 SRTM3 资料（3″分辨率，约 90 m），Landuse 数据采用 30″水平分辨率的 USGS 资料。采用全球环流模式背景场资料 NCEP/FNL 客观分析场融合中国气象局常规探空和地面观测资料作为初始场。

（4）风能参数计算方法

对模拟结果进行统计分析，得到年平均风速、平均风功率密度等风能参数，计算方法参照国家发展和改革委员会 2003 年发布的《全国大型风电场建设前期工作管理办法及有关技术规定汇编》办法、国家发展和改革委员会 2004 年印发的《全国风能资源评价技术规定》（发改能源〔2004〕865 号）、国家标准《风电场风能资源评估方法》（GB/T 18710—2002）。

3.3.1.2　风切变指数

近地层风速的垂直分布主要取决于地表粗糙度和低层大气的层结状态。在中性大气层结下，对数和幂指数方程都可以较好地描述风速的垂直廓线，我国新修订的国家标准《建筑结构荷载规范》（GB 50009—2012）推荐使用幂指数公式。其表达式为：

$$V_2 = V_1 \left(\frac{Z_2}{Z_1} \right)^{\alpha} \tag{3.12}$$

式中，V_2 为高度 Z_2 处的风速（单位：m/s）；V_1 为高度 Z_1 处的风速（单位：m/s），Z_1 一般取 10 m 高度；α 为风切变指数，其值的大小表明了风速垂直切变的强度。

3.3.1.3 风能资源总储量计算

根据《全国风能资源评价技术规定》，风能资源总储量的计算公式如下：

$$E_{\text{theory}} = \frac{1}{100} \sum_{i=1}^{n} S_i P_i \tag{3.13}$$

式中，E_{theory} 为该区域风能资源总储量，即理论可开发量；n 为风功率密度等级数；S_i 为年平均风功率密度分布图中各风功率密度等值线间面积；P_i 为各风功率密度等值线间区域的风功率代表值，其中，$P_1 = 25$ W/m²（<50 W/m² 区域风功率密度代表值），$P_2 = 75$ W/m²（50～100 W/m² 区域风功率密度代表值），$P_3 = 125$ W/m²（100～150 W/m² 区域风功率密度代表值），根据需要，P_i 以 50 W/m² 间隔递增。

3.3.1.4 不同高度推算和技术可开发量计算

现在，风机发电利用的高度主要集中在 100～140 m，随着风机技术的发展，未来可利用的高空风速将达到 160 m、180 m，甚至离地 200 m 高度。在有不同高度实际风速观测的区域，直接利用观测值进行计算。平均风功率密度计算公式为：

$$D_{\text{WP}} = \frac{1}{2n} \sum_{k=1}^{12} \sum_{i=1}^{n_{k,i}} (\rho_k \cdot v_{k,i}^3) \tag{3.14}$$

式中，n 为计算时段内风速序列个数；ρ_k 为月平均空气密度，$k = 1, 2, \cdots, 12$；$n_{k,i}$ 为第 k 个月的观测小时数；$v_{k,i}$ 为第 k 个月（$k = 1, \cdots, 12$）风速序列。

在没有风速观测的高度层，可先采用风切变指数推算风速，再计算平均风功率密度。近地层风速的垂直分布主要取决于地表粗糙度和低层大气的层结状态。在中性大气层结下，对数和幂指数方程都可以较好地描述风速的垂直廓线，我国新修订的《建筑结构荷载规范》推荐使用幂指数公式(3.12)。

根据气象学理论，海拔高度每上升 1 km，相对大气压力约降低 12%，空气密度降低约 10%。因此，可以得到如下公式进行不同高度风功率密度的推算：

$$P_2 = P_1 \cdot \frac{\rho_2 V_2^3}{\rho_1 V_1^3} \tag{3.15}$$

《全国风能资源评价技术规定》指出，风能资源技术可开发量为年平均风功率密度在 150 W/m² 及以上的区域风能资源储量值乘以 0.785。

3.3.2 模式评估成果(风能资源储量及可开发量)

3.3.2.1 区域风资源概况

以下评估以湖北省襄阳市襄州区为例。

依据全国陆地风能资源高分辨率评估数据结果，提取了襄州区域 100～150 m 高度风资源数据。160～200 m 高度风速及风功率密度，采用湖北省平原地区普遍的风切变指数 0.25 进行推算。

表 3.6 列出了襄州区各高度层的风资源参数，由表中数据可知，100～200 m 高度，襄

州区境内年平均风速和年平均风功率密度基本呈随高度上升而增大的趋势,年平均风速在4.5~6.6 m/s之间变化,年平均风功率密度在109.8~367.4 W/m²之间变化。100~200 m高度,襄州区整体年平均风速在5.1~5.9 m/s,年平均风功率密度在148.1~244.8 W/m²之间变化。

表3.6　襄州区各高度年平均风速、年平均风功率密度极值

参数		高度/m										
		100	110	120	130	140	150	160	170	180	190	200
风速/(m/s)	最小值	4.5	4.6	4.7	4.8	4.8	4.9	5.0	5.1	5.1	5.2	5.3
	最大值	5.9	6.0	6.0	6.1	6.1	6.2	6.3	6.4	6.5	6.6	6.6
	平均	5.0	5.1	5.2	5.3	5.4	5.5	5.6	5.7	5.7	5.8	5.9
风功率密度/(W/m²)	最小值	109.8	116.7	123.8	130.9	138.1	145.3	152.8	159.7	166.5	173.2	179.8
	最大值	256.4	263.7	271.3	279.3	288.4	297.6	312.0	326.2	340.1	353.9	367.4
	平均	148.1	158.0	167.9	177.9	188.0	198.3	207.9	217.3	226.6	235.8	244.8

图3.14至图3.16分别展示了襄州区100 m、150 m和200 m各高度层年平均风速和年平均风功率密度的空间分布。从图中可以看出,襄州区风速和风功率密度总体呈由东南向西北递减的趋势,襄州区南部边缘地带为海拔最高区域,也是境内风能资源最优地带。

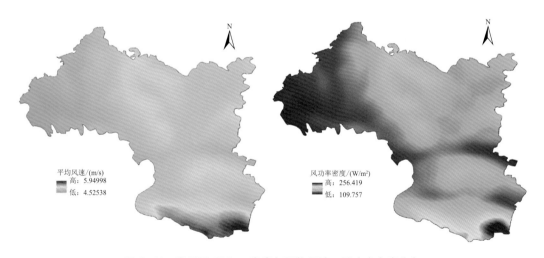

图3.14　襄州区100 m高度年平均风速、风功率密度分布

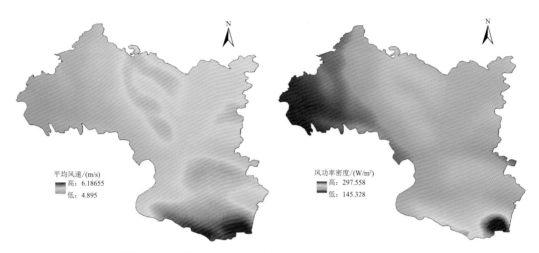

图 3.15 襄州区 150 m 高度年平均风速、风功率密度分布

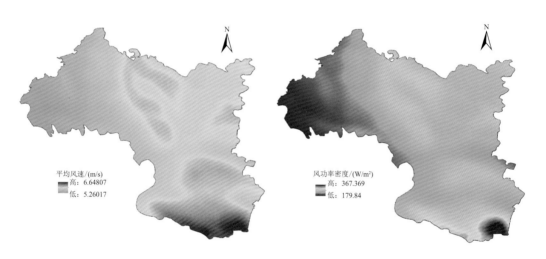

图 3.16 襄州区 200 m 高度年平均风速、风功率密度分布

3.3.2.2 区域风能资源总储量计算

根据风能资源数值模拟结果,抠除已经开发和正在建设的风电项目范围,可知襄州区不同高度层的风功率密度分布,按照风能资源储量计算划分的功率密度等级,得到不同高度层理论条件下的风能资源分布。

图 3.17 展示了 100 m、150 m、200 m 这 3 个高度层襄州区理论风能资源空间分布,可见,随着海拔高度上升,襄州区的理论风能资源越丰富,功率密度等级越高,风能资源质量也更好。

在风能资源数值模拟结果的基础上,剔除已经开发和正在建设的风电项目区域(抠除收集到的已确定的风电场范围),计算襄州区剩余地区风能资源总储量。

风能资源总储量随着海拔高度上升而增加。100~200 m 高度,襄州区风能资源总储量在 322.3 万～534.3 万 kW 之间变化(表 3.7)。

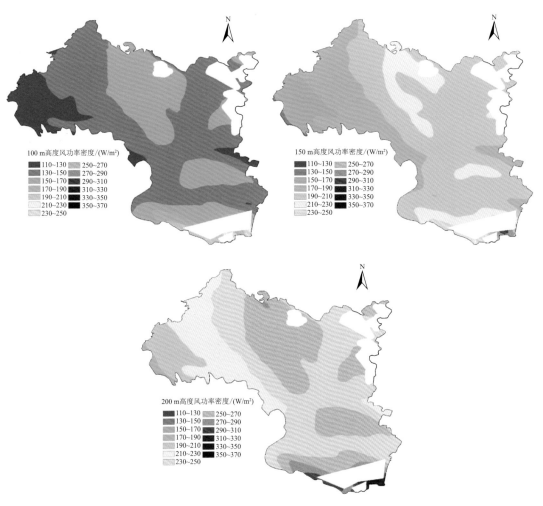

图 3.17　襄州区 100 m、150 m 和 200 m 高度理论风功率密度分布

注：图中白色部分为抠除已经开发和正在建设的风电项目

表 3.7　襄州区不同高度层的风能资源总储量

	高度/m										
	100	110	120	130	140	150	160	170	180	190	200
储量/万 kW	322.3	345.7	365.7	389.8	411.0	434.8	454.9	476.3	494.8	516.7	534.3

　　图 3.18 展示了襄州区 $100\sim200$ m 高度，不同风功率密度区间段内的风能资源储量。100 m 高度，襄州区风功率密度主要集中在 $130\sim150$ W/m² 等级；$110\sim120$ m 高度，襄州区风功率密度主要集中在 $150\sim170$ W/m² 等级；130 m 高度，襄州区风功率密度主要集中在 $170\sim190$ W/m² 等级；140 m 高度，襄州区风功率密度主要集中在 $170\sim190$ W/m² 和 $190\sim210$ W/m² 等级；150 m 高度，襄州区风功率密度主要集中在 $190\sim210$ W/m² 等级；160 m 高度，襄州区风功率密度主要集中在 $190\sim210$ W/m² 和 $210\sim230$ W/m² 等级；170 m 高度，襄州区风功率密度主要集中在 $210\sim230$ W/m² 等级；180 m 高度，襄州

区风功率密度主要集中在 $210\sim230$ W/m² 和 $230\sim250$ W/m² 等级；190 m 高度，襄州区风功率密度主要集中在 $230\sim250$ W/m² 等级；200 m 高度，襄州区风功率密度主要集中在 $230\sim250$ W/m² 等级。

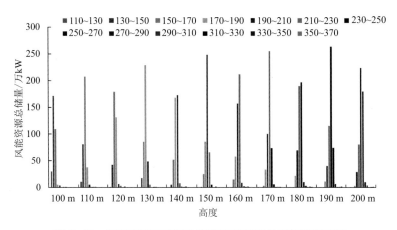

图 3.18　各高度层不同风功率密度区间段的风能资源储量

3.3.2.3　区域风能资源技术可开发量估算

目前，风能资源技术可开发量采用估算的方式计算。按照《全国风能资源评价技术规定》，风能资源技术可开发量为年平均风功率密度在 150 W/m² 及以上的区域风能资源储量值乘以 0.785。考虑到这是 2004 年颁布的风能资源评价技术规定，随着低风速风机技术的发展，书中技术可开发量的估算将可利用的风功率密度设为 130 W/m² 以上的区域。

图 3.19 分别展示了 100 m、150 m、200 m 这几个高度层襄州区实际可开发区域的风能资源空间分布。可见，襄州区可开发风电项目的土地较为零散，主要集中在北部石桥镇、龙王镇、黄集镇、朱集镇和东南部黄龙镇、峪山镇。各高度层最优的风能资源主要分布在峪山镇的南部边缘低山区。

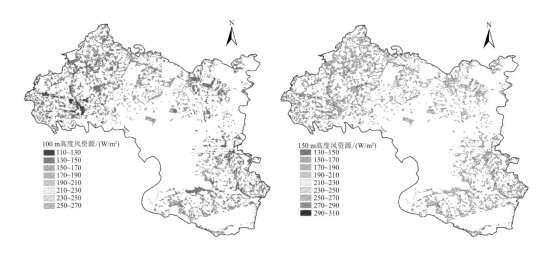

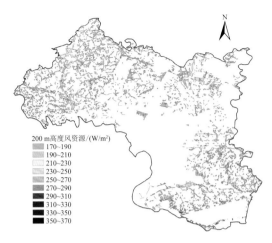

图 3.19　襄州区 100 m、150 m 和 200 m 高度实际可用风能资源分布

在风能资源数值模拟结果的基础上，剔除已经开发和正在建设的风电项目区域以及不可开发风电的区域（包括：城市及居民生活区，矿产，水体、湿地、自然保护区等生态红线区域），计算剩余可开发区域不同高度层的风能资源储量和技术可开发量，结果见表 3.8—表 3.10。

表 3.8　襄州区 100 m 高度风能资源储量及技术可开发量

风功率密度/(W/m²)	区域面积/km²	风能储量/万 kW	技术可开发量/万 kW
110～130	85.0	10.2	/
130～150	281.8	39.4	31.0
150～170	156.2	25.0	19.6
170～190	9.3	1.7	1.3
190～210	6.5	1.3	1.0
210～230	0.8	0.2	0.1
230～250	0.4	0.1	0.1
250～270	0.2	0.0	0.0
总计	540.0	77.9	53.1

表 3.9　襄州区 150 m 高度风能资源储量及技术可开发量

风功率密度/(W/m²)	区域面积/km²	风能储量/万 kW	技术可开发量/万 kW
130～150	1.9	0.3	0.2
150～170	56.9	9.1	7.1
170～190	121.8	21.9	17.2
190～210	272.3	48.5	38.1
210～230	77.8	17.1	13.4
230～250	8.1	1.9	1.5
250～270	0.8	0.2	0.2
270～290	0.2	0.1	0.1

风功率密度/(W/m²)	区域面积/km²	风能储量/万 kW	技术可开发量/万 kW
290~310	0.2	0.1	0.0
总计	540.0	99.2	77.9

表 3.10　襄州区 200 m 高度风能资源储量及技术可开发量

风功率密度/(W/m²)	区域面积/km²	风能储量/万 kW	技术可开发量/万 kW
170~190	5.8	1.0	0.8
190~210	53.5	10.7	8.4
210~230	97.2	21.4	16.8
230~250	203.2	48.8	38.3
250~270	162.3	42.2	33.1
270~290	12.1	3.4	2.7
290~310	4.6	1.4	1.1
310~330	0.6	0.2	0.1
330~350	0.3	0.1	0.1
350~370	0.2	0.1	0.1
总计	539.8	129.2	101.4

由表 3.8—表 3.10 中数据可知,襄州地区 100 m 高度风功率密度主要集中在 130~170 W/m² 区间段,150 m 高度风功率密度主要集中在 170~210 W/m² 区间段,200 m 高度风功率密度主要集中在 230~270 W/m² 区间段。

3.4　太阳能资源模拟和评估

依据多源观测资料融合的再分析辐射资料,利用光伏发电技术可开发量的计算方法,对湖北省未来"碳达峰、碳中和"预期下的光伏发电理论可开发量、技术可开发量进行核算,为湖北省太阳能资源利用提供科学依据。

3.4.1　技术方法

3.4.1.1　太阳辐射资源量计算

采用欧洲中期天气预报中心 ECWMF 提供的 ERA5 再分析辐射资料,资料内容为 2000—2020 年月平均地面总辐射资料,水平分辨率为 0.25°×0.25°,通过一定订正技术使之更加符合湖北实际,并基于 GIS(地理信息系统)平台和选定克里金插值方法,绘制全省年平均太阳辐射空间分布图。

3.4.1.2　光伏发电理论可开发量计算

$$E = S \cdot P \tag{3.16}$$

$$P = \frac{SS}{3.6 \times h} \times 1000 \times \eta \tag{3.17}$$

式中，E 为区域内光伏电站理论可开发量(单位：kW)；S 为该区域内剔除生态用地和建设用地后的光伏电站理论可安装面积(单位：m^2)，主要考虑林地、湿地、自然保护区以及城镇建设用地、交通干线(公路、铁路、航道及岸线)、历史遗迹等影响，考虑农光互补的特性，此处不含农田和荒地；P 为单位面积可安装的光伏发电容量(单位：W/m^2)，根据部分实际工程测算和技术进步，P 值目前可取为 $75\sim100$ W/m^2(建议光伏电站 P 值在 $25\sim30$ W/m^2，分布式光伏 P 值在 $40\sim60$ W/m^2)；SS 为该区域单位面积上的年太阳总辐射量(单位：MJ/m^2)；h 为一年的小时数；η 为折减系数，取值为 $0.55\sim0.75$，这样的取值是充分考虑了未来技术进步的因素，尤其是后者。

3.4.1.3　光伏发电技术可开发量计算

$$E' = S' \cdot P \tag{3.18}$$
$$S' = S \cdot \xi \tag{3.19}$$

式中，E' 为光伏发电技术可开发量(单位：kW)；S' 为光伏电站技术可安装面积(单位：m^2)；ξ 为剔除不可用面积后的面积利用率，取值为 $3\%\sim10\%$。

3.4.2　评估成果

3.4.2.1　湖北省光伏资源空间分布

利用订正后的近 20 a(2001—2020 年)再分析资料，计算湖北省年平均太阳总辐射量(图3.20)。结果表明：湖北省年平均太阳总辐射量为 4090.4 MJ/m^2，最大可达 4834.4 MJ/m^2，根据国家标准《太阳能资源等级　总辐射》(GB/T 31155—2014)，湖北省太阳能资源丰富程度属于三级"资源丰富"地区。湖北省太阳能资源空间分布总体上呈现两大特点：北多南少，以西部山区最显著，中东部变化相对较小；同纬度相比，平原多，山区少。

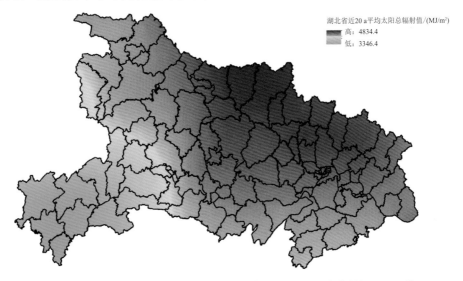

图3.20　湖北省近 20 a(2001—2020 年)平均太阳总辐射(单位：MJ/m^2)

3.4.2.2　不同情景下湖北省光伏发电理论可开发量

考虑湖北省地形,将其分为鄂西山地茂密林区(简称鄂西山区),主要为丹江口、谷城、南漳、东宝、远安、夷陵、宜都以西地区;中东部丘陵山地林区(简称中东部丘陵),主要为通城、崇阳、通山、阳新、蕲春、英山、罗田、麻城、红安、大悟、广水、随州、钟祥、京山、安陆连片区域(包括幕阜山、大别山、桐柏山、大洪山4片);中东部平原湖区(包括江汉平原及鄂北鄂东地区,简称平原湖区)(图3.21)。同时考虑到森林及其他生态条件的限制,鄂西山区、中东部丘陵的面积可利用率取值0.2(20%)、0.4(40%),平原湖区的面积可利用率取值0.6(60%)。

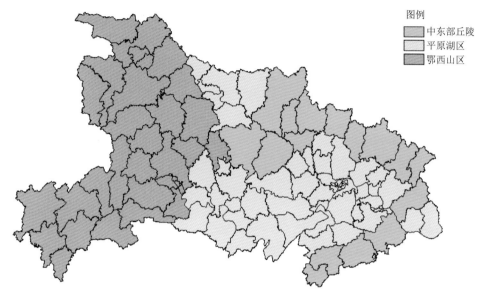

图例
▨ 中东部丘陵
□ 平原湖区
▦ 鄂西山区

图 3.21　湖北省分区空间图

分别计算了折减系数为0.55、0.75这2种情景下的理论可开发量。由表3.11可知,在不同折减系数下,湖北省太阳能资源理论可开发量分别为5589.0 GW和7621.4 GW。

表 3.11　湖北省光伏发电理论可开发量计算

折减系数	地区	面积可利用率	实际总面积/km²	理论可利用面积/km²	分区理论可开发量/GW	全省理论可开发量/GW
	鄂西山区	0.2	79977.5	15995.5	1115.6	
0.55	中东部丘陵	0.4	40638.6	16255.4	1276.7	5589.0
	平原湖区	0.6	66901.2	40140.7	3196.8	
	鄂西山区	0.2	79977.5	15995.5	1521.2	
0.75	中东部丘陵	0.4	40638.6	16255.4	1741.0	7621.4
	平原湖区	0.6	66901.2	40140.7	4359.3	

3.4.2.3　湖北省光伏发电技术可开发量

分别计算了面积可开发率为3%～10%(共设置了4种情景,分别为保守、平衡、积极、激进)区间内的技术可开发量。由表3.12可知,当折减系数为0.55时,不同面积可开发率下,湖北省光伏发电技术可开发量分别为 167.7 GW、279.5 GW、447.1 GW、558.9 GW。

表 3.12   湖北省光伏发电技术可开发量(折减系数 0.55)

面积可开发率/%	地区	实际可开发面积/km²	技术可开发量/GW	合计/GW
3(保守)	鄂西山区	479.9	33.5	
	中东部丘陵	487.7	38.3	167.7
	平原湖区	1204.2	95.9	
5(平衡)	鄂西山区	799.8	55.8	
	中东部丘陵	812.8	63.8	279.5
	平原湖区	2007.0	159.8	
8(积极)	鄂西山区	1279.6	89.2	
	中东部丘陵	1300.4	102.1	447.1
	平原湖区	3211.3	255.7	
10(激进)	鄂西山区	1599.6	111.6	
	中东部丘陵	1625.5	127.7	558.9
	平原湖区	4014.1	319.7	

考虑到技术进步,折减系数达到 0.75 时,不同面积可开发率下,湖北省光伏发电技术可开发量分别为 228.6 GW、381.1 GW、609.7 W、726.1 GW(表 3.13),相比折减系数为 0.55 时均有 30% 的增量。

表 3.13   湖北省不同情景下光伏发电技术可开发量(折减系数 0.75)

面积可开发率/%	地区	实际可利用面积/km²	技术可开发量/GW	合计/GW
3(保守)	鄂西山区	479.9	45.6	
	中东部丘陵	487.7	52.2	228.6
	平原湖区	1204.2	130.8	
5(平衡)	鄂西山区	799.8	76.1	
	中东部丘陵	812.8	87.0	381.1
	平原湖区	2007.0	218.0	
8(积极)	鄂西山区	1279.6	121.7	
	中东部丘陵	1300.4	139.3	609.7
	平原湖区	3211.3	348.7	
10(激进)	鄂西山区	1599.6	152.1	
	中东部丘陵	1625.5	174.1	726.1
	平原湖区	4014.1	435.9	

3.5 风能太阳能资源互补利用评估

我国大部分地区太阳能与风能在时间上和地域上都有很强的互补性,利用这种互补性可弥补单独风电或光伏发电系统在稳定性上的缺陷,提高系统利用效率并可减少对电网的影响。为了使风光互补发电系统发挥最大的潜能和最佳的发电输出,选择风速、太阳辐射互补性最优的地区,以及合理的容量和比例是充分发挥风光互补发电优越性的关键。随着2004 年起我国第一座风光互补并网电站华能南澳 54 MW/100 kWp 电站投入运行,截至2023 年底,已有数百座风光互补并网电站投产或在建,主要分布在内蒙古、甘肃、河北等地。

并网风光互补发电系统由风力发电机组、光伏发电系统和电网接入系统构成。需要通过合理地设计与匹配,确定风电和光伏的装机容量比例,以获得比较稳定的发电输出。风光互补发电系统的设计并不是简单地将风能和太阳能相加就可以,其间还涉及一系列复杂的技术数据计算与系统设计。开展风光互补系统容量优化时,当地的气象条件和负荷特性是重要的参数;对于一定规模的并网系统而言,进行优化的目标应是风光发电系统对电网的影响最小,同时环境和经济效益最大。

本节以风光互补发电系统年内或日内出力最平稳为前提,开展风光资源互补性评价和系统容量优化配置方法研究,旨在确定一个可以描述某地区风光互补性资源禀赋的定量指标;以及以系统出力波动最小为设计宗旨的资源互补性评价和容量优化配置方法。

3.5.1 年内风光资源互补评估

首先以测风塔等观测资料为基础,计算该地区年内各月轮毂高度处各风速段频率分布,结合风机功率特性曲线,计算各月风机发电量;以周边气象站日照和辐射观测资料为基础,计算年内各月光伏阵列斜面总辐射量,结合光电物理模型等计算各月光伏发电量。

以平均距平百分率和变异系数为波动性指标作为风光资源互补性评价的基础,并以互补系统年内各月发电量输出波动性最小为前提,对风电装机和光伏装机容量比例进行最优化求解,给出该地点的风光互补系统最优装机容量比例。

3.5.1.1 波动性衡量指标

平均距平百分率和变异系数是一个数据序列各数据偏离均值的距离的平均数,是反映一组数据离散程度或波动程度的标准化量化形式。引入这两个参量作为衡量各月风电发电量、光伏发电量和风光互补系统月发电量年内波动程度的指标。数值越小即代表波动性越小,也就越有利于接入系统配置和电网调度。

其中平均距平百分率的计算公式为:

$$\mu = \left(\frac{1}{\bar{x}} \frac{1}{N} \sum_{i=1}^{N} |x_i - \bar{x}| \right) \times 100\% \tag{3.20}$$

式中，N 为资料序列的个数，这里为一年中月份数量 12。x_i 为风电、光伏或互补系统月发电量，$\overline{x}$ 为各月各发电量均值，μ 为发电量的平均距平百分率。

变异系数是标准差与平均数的比值，变异系数可以消除平均数不同对资料序列变异程度比较的影响。而用变异系数表示波动性指标，更能反映偏离均值较大样本的作用。标准差和变异系数的计算公式分别为：

$$SD = \sqrt{\frac{1}{N}\sum_{i=1}^{N}(x_i - \overline{x})^2} \tag{3.21}$$

$$CV = \left(\frac{1}{\overline{x}}\sqrt{\frac{1}{N}\sum_{i=1}^{N}(x_i - \overline{x})^2}\right) \times 100\% \tag{3.22}$$

式中，SD 为标准差，CV 为变异系数。

3.5.1.2　风电和光伏发电量计算方法

大部分测风塔风速仪采集每秒风速，自动计算和记录每 10 min 平均风速，再计算得到每小时平均风速。统计各月各风速段小时数后，即可根据给定风机的功率曲线，计算测风塔处树立风机的月理论发电量：

$$E_{\mathrm{W}} = rP_0\sum_{i=c_i}^{c_o}mP(v_i) \tag{3.23}$$

式中，E_{W} 为某月风电发电量，c_i 为风机切入风速，c_o 为风机切出风速，m 为风速为 v_i 的小时数，$P(v_i)$ 为风机单位装机容量在风速为 v_i 时的功率，r 为折减系数，P_0 为风机装机容量。

为了获得年最大总辐射量，理论上光伏阵列均是朝向赤道倾斜放置的，因此需要首先计算水平面辐射量，再换算成倾斜面上的辐射量才能进行发电量的计算。在计算各月的太阳辐射量时，从逐日值中挑选与月平均值相近的作为各月代表日结合各月天数计算月总辐射量。对于没有辐射观测，仅有日照观测的气象站点，水平面总辐射和直接辐射计算基于日照百分率进行求算。

对于并网光伏系统而言，某月输出的能量可用下式进行计算：

$$E_{\mathrm{S}} = H_t P_1 R \tag{3.24}$$

式中，E_{S} 为某月光伏发电量，P_1 为光伏装机容量，R 为方阵到电网的综合效率。

3.5.1.3　并网风光互补发电系统发电量计算方法

综合以上公式，下面给出了并网风光互补发电系统发电量计算公式：

$$E = E_{\mathrm{W}} + E_{\mathrm{S}} = rP_0\sum_{i=c_i}^{c_o}mP(v_i) + H_t P_1 R \tag{3.25}$$

式中，E 为互补发电系统发电量，一个风光互补发电系统中各发电方式的比例是最关键的设计参数，本节引入光伏/风电容量比 P 来表示，即 $P = \dfrac{P_1}{P_0}$。

3.5.1.4　评估计算实例

选择湖北石首桃花山和阳新富池两区域为例，以系统年内发电出力最平稳为前提，进行风光互补资源禀赋分析和风光互补发电系统容量配置设计研究。

图 3.22 和图 3.23 给出了桃花山和富池两测风塔离地面 70 m 高度风速和风功率密度

年变化,以及邻近石首和阳新气象站近 30 a(1991—2020 年)平均日照百分率年变化。可见两地风速和风功率年变化以及日照百分率年变化均较为一致,两地区风速和风功率均是夏季 6—8 月小,冬季 12—2 月大,而日照百分率则是夏季 7 月、8 月最大,而冬季 12—3 月最小。因此,从风、光气象要素上来看,两地风光资源在年内具有较好的互补性。

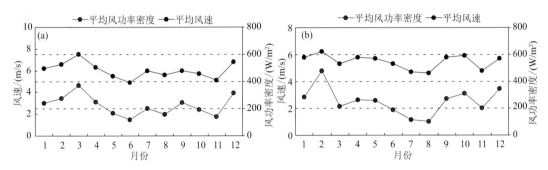

图 3.22　石首桃花山和阳新富池离地面 70 m 高度风速和风功率密度年变化
(a)石首桃花山;(b)阳新富池

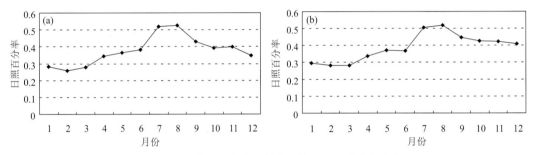

图 3.23　石首和阳新气象站月平均日照百分率年变化
(a)石首;(b)阳新

在暂不考虑各发电方式装机成本的情况下,对于一个风光互补发电系统,本节以输出发电量波动性最小为前提,优化配置各发电方式容量比例。以互补系统中各月风电发电量和光伏发电量之和构成新的风光互补系统月发电量序列,以该序列变异系数 CV 或平均距平百分率最小为条件,求解光伏/风电容量比 P。

经计算,可得两地最优光伏/风电容量比 P,结果见表 3.14。可见,桃花山地区的最优光伏/风电容量比为 2.1,即单台 1500 kW 风机需要约 3150 kW 装机的光伏作为互补,而富池地区容量比仅为 1.0,即仅需 1500 kW 光伏装机互补。同时,桃花山互补系统发电量序列的平均距平百分率和变异系数虽然已经比单独风电和单独光伏大幅下降,但仍大于富池地区。还计算了单台 1500 kW 风机配合最优容量比时的光伏装机,由此组成的风光互补系统的总体月发电量及其中各发电方式月发电量变化,见图 3.24。

表 3.14　桃花山和富池地区最优光伏/风电容量比及对应的互补系统发电量波动性指标

区域	最优光伏/风电容量比	平均距平百分率/%	标准差/kw	变异系数/%
石首桃花山	2.1	12.5	7.1	15.6
阳新富池	1.0	8.2	2.8	9.3

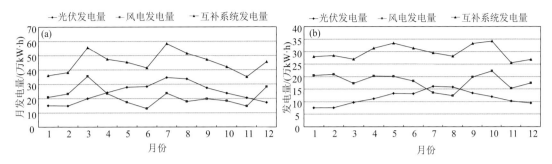

图 3.24 风光互补系统的发电量及其中各发电方式发电量月变化

(a)石首桃花山;(b)阳新富池

由于目前光伏的装机成本仍大于风电,较低的光伏/风电容量比也可以节约发电成本,由此说明,桃花山地区风光互补系统年发电量波动性较富池大,最优光伏/风电容量比也大于富池,因此桃花山风光互补性资源禀赋较富池低。

3.5.2 考虑负荷曲线的日内风光资源互补评估

本节以测风塔观测资料和气象站逐时辐射观测资料为基础数据,首先得到风速和辐射的典型日变化曲线。以风光互补发电系统总的日输出功率曲线与当地电网日负荷曲线差异最小,以及风电光伏总装机比例最大化为优化目标,构造目标函数,设计了对风电和光伏装机容量的最优化求解方案。

3.5.2.1 评估方法

并网风光互补发电系统由风力发电机组、光伏发电系统和电网接入系统构成,其输出功率计算如下:

$$P = P_V R_V + P_{PV} R_{PV} \tag{3.26}$$

式中,P 为互补系统总输出功率,P_V、R_V 分别为风机输出功率和发电效率,P_{PV}、R_{PV} 分别为光伏发电系统输出功率和综合发电效率。

一年中的电力负荷和气象要素如太阳辐射、风速的日变化都具有一定的相似性,本研究所采用的负荷和气象典型日分别指与一年中平均的电力负荷、风速、辐射日变化曲线最"接近"的一日。具体做法为:先分别汇总一年中的各日平均电力负荷、太阳辐射、风速日变化曲线:

$$L(h) = \frac{1}{N} \sum_{d=1}^{N} L(d,h), h = 0,1,2\cdots,23 \tag{3.27}$$

式中,$L(h)$ 为一年中各日负荷、风速、辐照度曲线的平均,$L(d,h)$ 为逐日的负荷、风速、水平面辐照度曲线,N 为一年中天数。再分别从 $L(d,h)$ 中找出与上述 $L(h)$ 最相近的某一日曲线 $L(d^*,h)$ 作为负荷、风速和太阳辐射的典型日。这里"最相近"的定义是指如下的平均距平(偏差)最小:

$$\sum_{t=0}^{23} |L(d^*,h) - L(h)| = \min_{1 \leq d \leq N} \sum_{t=0}^{23} |L(d,h) - L(h)| \tag{3.28}$$

也就是每天的负荷、风速和辐照度曲线分别减去各自平均曲线,得到的每日 24 个时刻点绝对差值的和最小的日期作为各自的典型日。

容量优化配置一是互补系统发电功率与目标负荷的差值曲线的平均距平(偏差)最小,即差值曲线波动最小;二是风电光伏总装机最大;构建目标函数如下:

$$\min F(P_0, P_1) = \min \left[\frac{1}{N} \sum_{t=0}^{23} | (P_t(P_0, P_1) - E_t) - (\overline{P(P_0, P_1) - E}) | \right] \Big/ (P_0 + P_1)$$

$$(3.29)$$

式中,$P_t(P_0, P_1)$ 为一天中 t 时刻的互补系统总发电功率,是风电和光伏装机容量 P_0、P_1 的函数。E_t 为 t 时刻的目标电力负荷。$\overline{P(P_0, P_1) - E}$ 为典型日发电功率与目标负荷的平均差值,N 为一天的时数。

优化求解的约束条件为典型日每时刻的互补系统发电功率均不超过当时目标负荷:

$$P_t(P_0, P_1) \leqslant E_t \qquad (3.30)$$

利用 Levenberg-Marquardt 方法(以下简称 L-M 方法)对目标函数进行最优化求解,通过多步迭代,当迭代解达到精度要求且满足约束条件时,即可认为求得风电和光伏装机容量 P_0、P_1 的最优解。

3.5.2.2 评估案例

选择武汉市某区域作为计算实例进行了算例分析。该算例选择 2016 年为计算代表年,其中太阳辐射观测资料采用武汉气象站数据,风速观测资料采用该区域某测风塔逐时观测数据,用电负荷数据采用武汉市某区域用电负荷数据,各数据均转换为逐时数据。按典型日选择方法筛选了本算例观测年度辐照度和风速的典型日。

对风光互补系统容量进行优化配置共有两个变量,即风电装机容量和光伏装机容量,在 L-M 方法寻优过程中随着容量及二者比例的不断变化,目标函数 $F(P_0, P_1)$ 也随之改变。通过寻优最后得到的目标函数值 $F(P_0, P_1)$ 为 0.0285,对应的互补系统容量配置方案和部分运行参数见表 3.15。

表 3.15　最优配比后的系统配置和运行参数

配置参数	参数值
风电装机容量	102 MW
光伏装机容量	80.8 MWp
光伏/风电装机容量比	0.786
典型日风机日发电量	130.82 万 kW·h
典型日光伏日发电量	22.98 万 kW·h
光伏/风电日发电量比	0.176
互补系统发电量占目标负荷比例	87.9%
互补系统发电量占总负荷比例	17.58%

图 3.25 为互补系统最优配比后的风电、光伏和互补系统日输出功率曲线。风机输出功率曲线日变化与风速日变化基本一致,均为中午 13 时风速和功率从最小开始增大,到夜间 19 时开始风速和功率开始达到平稳一直到次日早上 07 时,然后风速和功率开始减小直

到最小。光伏发电系统的输出功率日变化则与太阳的日运行规律密切相关,从早07时日出开始增大,直到正午12—13时随着太阳高度角达到最高,功率输出也达到最大,随后随着太阳西落功率输出逐渐降低,直到18时左右日落功率输出也降为0,整个夜间光伏系统都无有功输出。

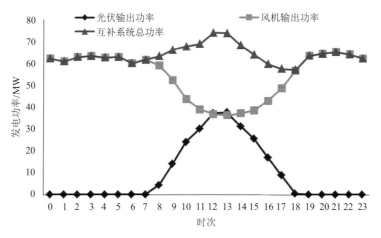

图 3.25　最优配比后的风电、光伏和互补系统日输出功率曲线

互补系统中光伏与风电的装机容量比例为0.786,由于光伏系统与风机的运行特性不同,一天中有夜间近13 h不能发电,因此两者在典型日的发电量之比为0.176,也就是说整个互补系统中82.4%的电力由风电提供。光伏发电在白天的出力则对风电在白天的功率输出低谷起到了很好的弥补作用,从图3.25上也可以看出风能和太阳能在日变化时间分布上的互补性被充分利用了。

图 3.26为互补系统发电功率与目标负荷日变化曲线的对比,以及两者差值的日变化。由于设定了条件为每时刻的互补系统发电功率均不超过当时目标负荷,因此典型日发电功率曲线总在负荷曲线下方。图中还给出了互补系统总输出与负荷差值的日变化曲线,目标

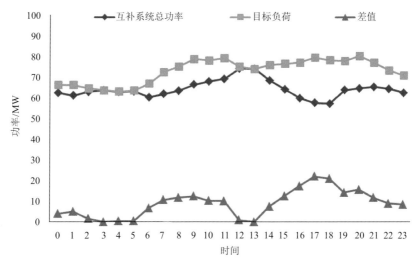

图 3.26　风光互补系统发电功率与目标负荷日变化曲线对比

函数即设计为该差值曲线的平均距平与总装机之比最小。该差值平均值为 8.8 MW,最大值出现在 17:00,原因是该时刻风电和光伏功率输出均较低,而负荷却处于一天中的第二个高峰。中午和凌晨为差值达到最小的两个时段,其中中午 12—13 时光伏出力处于一天中的高峰,目标负荷的近 60% 由光伏发电系统提供;凌晨 02—05 时风电系统出力最大,光伏出力为 0,目标负荷的几乎全部由风机出力提供。

该差值的平均距平为 5.23 MW,其与风电光伏总装机容量之比即目标函数 $\min F(P_0, P_1)$ 为 0.0285,这个比值也可以用来对比不同地点的风光互补性特征的优劣,该比值越小,即发电和用电两条曲线越接近,也就说明该地区风速和太阳辐射日变化特性与当地电力负荷曲线的配合程度越高。

在全年的实际运行中,由于风速和辐射等气象要素的非周期性变化,也会导致功率输出和负荷曲线出现不匹配,但从全年典型情况来看二者互补良好,互补系统总的输出功率与目标负荷曲线最为接近。

3.6　风电场光伏电站资源后评估

3.6.1　目的和意义

目前我国大量风力发电场陆续投产建成,但其实际运行效果存在不同程度低于设计指标的问题逐渐暴露,这制约了我国风电产业的健康高效发展。气象因素是风力发电场运行效益不稳定的重要原因之一。目前,我国风电行业气象评估工作侧重于前期开发、基建与生产环节,而对风力发电场后评估管理工作开展较晚,缺乏对风力发电场运行维护、技术改造等工作的科学指导,因此依据《风电场工程后评价规程》(NB/T 10109—2018)、2008 年中国气象局发布的《气候可行性论证管理办法》(中国气象局令第 18 号)等规章办法,开展风电场风能资源后评估研究,明确后评估方法,可为风力发电场后评价提供气象技术支撑。

3.6.2　技术方法

3.6.2.1　工作原则和技术路线

针对竣工验收 1 a 以后或并网运行 3 a 以上的风电场要开展风能资源后评估工作。若实际情况需要,也可对运行 1 a 以上的风电场开展风能资源后评估。

具体技术路线见图 3.27。

(1)工作原则

开展风电场风能资源后评估工作要遵循以下原则。

① 明确后评估的内容及重点。掌握风电场前期设计、建设运营及未来规划情况,了解委托方的目的和关注点,围绕风能资源评价、发电量估算等内容进行风力发电场设计阶段和运行阶段的前后对比分析,保证后评估工作具有较强的针对性和实用性。

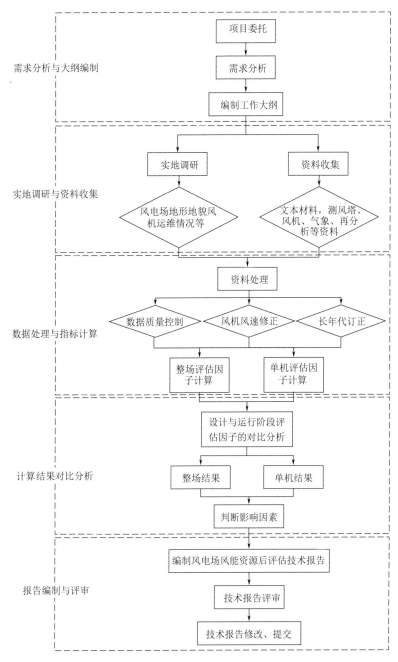

图 3.27　风电场风能资源后评估技术路线图

② 观测资料真实可靠。风电场内风机和测风塔等观测资料是后评估工作的基础。对拟采用的观测资料应进行完整性、合理性、一致性检验分析,确保所用资料真实可靠。

③ 分析方法科学合理。后评估方法应具备可操作性,计算方法和技术手段先进可行。

④ 结论明确且指导性强。后评估结论应明确,包括气象角度影响风力发电场效益的主要因子,并结合委托方的关注点给出针对性提质增效的建议和措施。

（2）技术路线

风电场风能资源后评估工作主要包含五个部分。

① 需求分析与大纲编制。在接受项目委托后，及时开展需求调研，明确后评估工作难点、重点及特定需求。依据指南的要求编制工作大纲，主要包含工作内容、任务分工及工作进度安排等。

② 实地调研与资料收集。开展风电场现场踏勘，与风电场工作人员和相关设计部门进行座谈，了解风电场基本信息、运行维护等情况。收集风电场相关文本材料（风能资源评估、可行性研究、微观选址、风能资源复核、核准或备案、竣工验收、年度运行等报告），测风塔与风机的基本信息及实测数据、气象资料、再分析资料等。

③ 数据处理与指标计算。对收集的数据进行处理，包括数据的质量控制、风机的风速修正、风速的长年代订正。对处理后的资料，分别开展整场和单机的风速、风向、风功率密度、风速频率分布、利用小时数、发电量等评估因子的统计和计算。

④ 计算结果对比分析。开展风电场设计阶段与运行阶段评估因子的对比分析，通过整场和单机的对比分析结果，判断影响风电场风能资源及发电效益的主要气象因素，提出相应的对策建议。

⑤ 报告编制与评审。在上述计算分析的基础上，编制风电场风能资源后评估技术报告，主要内容包含风电场概况、现场调研及座谈情况、资料处理、评估因子计算、设计及运行阶段对比分析、结论等内容。对报告进行专家评审，并依据专家审查意见修改完善并提交最终报告。

3.6.2.2 技术方案

（1）实地调研

项目承担单位首先编制现场踏勘计划和调研大纲，确定现场踏勘的时间、地点、调研问题，组建调研小组（包括委托方、设计部门、项目承担单位、当地气象部门等相关人员），开展现场勘察及座谈，了解风电场基本信息，查看风机微观选址情况，探讨影响发电量的可能因素等，并做好调研记录。

现场踏勘及座谈的调研内容见表 3.16。

表 3.16 风电场现场踏勘及座谈调研内容

勘察类型	参与人员	调研内容
现场踏勘	委托方、设计部门、项目承担单位、当地气象部门	风电场场址范围、地形地貌、周边环境，风机位置、海拔、运行等情况
座谈		收集风电场规模、风机运行维护情况，风机机型、实际位置与选址的一致性情况，初步掌握影响发电量的因素，确定是否需要开展现场短期测风

（2）资料收集

收集的基本资料应真实、可靠、完整，对后评估工作有较好的代表性。包括文本资料和数据资料两大类。其中，文本资料指风电场基本资料，数据资料包含测风塔、风机、气象观测、再分析、短期测风等资料。表 3.17 为资料收集的具体内容。

表 3.17 风电场风能资源后评估资料收集内容一览表

资料类型		收集内容	时间长度
文本资料	风电场基本资料	(1)风电场及风机基本信息、运行维护情况； (2)设计阶段风能资源评估、可行性研究、微观选址、风能资源复核、核准或备案、竣工验收、年度运行等报告	/
数据资料	测风塔	风电场选址与运行维护测风塔的基本信息，及其不同高度层观测资料	至少1 a
	风机	数据采集与监视控制系统(SCADA)资料，包括 5 min 或 10 min 或 15 min 风速、风向、功率、气温、气压、发电量等	至少1 a
	气象观测	风电场周边气象站的历史沿革、近地层观测及探空观测资料	30 a 以上
	再分析	MERRA、NECP、ECWMF、JRA、CLDAS、CARAS 等格点数据	30 a 以上
	短期测风	激光雷达或测风塔等现场测风资料	3 个月以上

(3)资料处理

①国家站数据。应依据 QX/T 66—2007《地面气象观测规范 第22部分：观测记录质量控制》的要求进行数据的质量控制，并按照 QX/T 65—2007《地面气象观测规范 第21部分：缺测记录的处理和不完整记录的统计》的要求开展缺测记录的处理和不完整记录的统计。

②测风塔数据。测风塔数据应按照 GB/T 37523—2019《风电场气象观测资料审核、插补与订正技术规范》中的要求进行质量控制，对观测数据要进行完整性、合理性、一致性检验，并对缺测及错误数据进行插补订正。

③风机 SCADA 数据。

(a)数据质量控制。风速、风向应参考 GB/T 18710—2002《风电场风能资源评估方法》进行数据完整性、合理性检验，并按照 GB/T 37523—2019 中的要求进行插补订正。功率及发电量数据应参照表 3.18 进行合理性检验，或通过其他异常数据处理算法对异常值进行剔除。其中功率应剔除由风机故障、限电因素、特殊气象条件等影响导致变化的数据。

表 3.18 主要参数的合理范围参考值

主要参数	合理范围
小时功率/kW	[0,机组发电机额定功率)
总发电量/(kW·h)	[0,机组额定功率×机组正常运行小时数]

(b)风速修正。风机实测风速会受到风轮尾流和机舱外形的影响而减小，导致后评估准确性降低，因此应开展风机风速修正工作。

依据短期测风资料及其对应机位点风速资料，建立机舱传递函数，从而修正风机风速。按照 IEC 61400-12-1：2017《风力发电机组 功率特性测试》、IEC 61400-12-2：2013《基于机舱风速计的风电机组功率特性测试》的相关要求开展扇区评估，排除短期测风点及其对应机位点受邻近风机和障碍物的尾流影响的扇区数据。另外，还需对机位点进行地形评估，如被判定为复杂地形，则需进行气流畸变修正，反之则无需进行畸变修正。在建立机舱传递函数受限的情况下,可采用前期微观选址报告中的尾流折减系数进行风速修正。

(c)长年代订正。风机修正后的风速应按照 GB/T 37523—2019 中的要求开展长年代订正,可采用气象站近地资料、探空资料、再分析资料等进行综合分析。以长年代订正后的风速为基础,结合风机实际功率曲线(去除异常值后的风速和功率的拟合结果),进行功率长年代订正,从而得到平风年的发电量。

④ 现场短期测风数据。可采用激光雷达、测风塔等观测手段开展现场观测。根据项目委托方的要求,如需开展现场短期测风,应按照 IEC 61400-12-1:2017 的要求,选择合适机位点,将激光雷达、测风塔等观测仪器置于该风机主风向上风向 2~4 倍叶轮直径处,测量来流风速风向。

⑤ 文档资料。通过现场考察调研,对文档材料中机位、机型等数据进行核实,保证文档材料与投产运行情况一致。

不同类型资料的处理参考标准详见表 3.19。

表 3.19 不同类型资料的处理方法一览表

数据类别	要素	质量控制	插补/订正/修正
国家站	风速风向	QX/T 66—2007《地面气象观测规范 第22部分:观测记录质量控制》	QX/T 65—2007《地面气象观测规范 第21部分:缺测记录的处理和不完整记录的统计》
测风塔	风速风向气温气压	GB/T 37523—2019《风电场气象观测资料审核、插补与订正技术规范》	GB/T 37523—2019《风电场气象观测资料审核、插补与订正技术规范》
风机	风速风向气温气压功率发电量	GB/T 18710—2002《风电场风能资源评估方法》	GB/T 37523—2019《风电场气象观测资料审核、插补与订正技术规范》;IEC 61400-12-1:2017《风力发电机组 功率特性测试》;IEC 61400-12-2:2013《基于机舱风速计的风电机组功率特性测试》
现场短期测风	风速风向	IEC 61400-12-2:2013《Wind turbines-Part 12-2: Power performance of electricity-producing wind turbines based on nacelle anemometry》	GB/T 37523—2019《风电场气象观测资料审核、插补与订正技术规范》
文档资料	机位机型等	人工核对数据准确性	核对后进行人工修正

注:表中现场短期测风数据一栏主要针对激光雷达测风,如开展测风塔短期测风应对应表中测风塔数据一栏开展数据处理。

(4)评估因子统计

① 整场评估因子统计

整场年平均风速,统计全场风机风速的年平均值;

整场年风向,采用矢量平均法统计全场风机风向的年平均值;

整场风速频率分布,采用全场风机小时平均风速进行统计;

整场风功率密度,采用全场风机气温、气压、风速数据,统计全场风机风功率密度的年平均值；

整场年利用小时数，统计全场风机利用小时数的年平均值；

整场年发电量，统计全场风机年发电量的总和。

其中，上述评估因子的统计方法应符合 GB/T 18710—2002 的要求。若风电场范围较大，可考虑分片区进行后评估。

② 单机评估因子统计

单机风速，统计各台风机的年平均值，典型风机的月平均值；

单机风向，统计各台风机的年风向，典型风机的月风向；

单机风速频率分布，采用各风机小时平均风速进行统计；

单机风功率密度，采用各风机气温、气压、风速数据进行统计；

单机年利用小时数，统计各台风机的年利用小时数；

单机年发电量，统计各台风机的年发电量。

其中，上述评估因子的统计方法应符合 GB/T 18710—2002 的要求。

（5）设计及运行阶段对比分析

在对数据进行处理和统计后，采用差值法，对比分析设计阶段和运行阶段各评估因子的差异特征。对于整场评估，要求对所有整场评估因子都进行对比分析。对于单机评估，则先采用单机年平均风速、风向 2 个因子来进行对比，然后根据对比结果，挑选差异最大、效益最差或委托方重点关注的 3～5 台风机，针对其月平均风速、风向、风速频率分布、风功率密度、年利用小时数、发电量进一步开展对比分析。其中设计阶段数据取自风电场基本资料，运行阶段数据取自风机 SCADA 数据的计算结果。

（6）后评估结果分析

在上面研究的基础上，综合考虑风电场地形地貌、周边环境、风机机位、运行维护等情况，并将运行与设计阶段的差异等级定为 7 档，具体见表 3.20，依据差异等级判断影响发电量效益的具体评估因子，并根据分析结果，从风能资源和风机运行效率的角度，给出相应的对策建议。

表 3.20　风速及利用小时数差异等级划分

%

类型		不吻合	较大负偏差	一定负偏差	基本吻合	一定正偏差	较大正偏差	不吻合
运行与设计阶段差异	轮毂高度风速	$(-\infty, 15)$	$[-15, -10)$	$[-10, -5)$	$[-5, 5]$	$(5, 10]$	$(10, 15]$	$(15, \infty)$
	利用小时数	$(-\infty, 15)$	$[-15, -10)$	$[-10, -5)$	$[-5, 5]$	$(5, 10]$	$(10, 15]$	$(15, \infty)$

（7）报告编制及评审

①报告编制。报告内容包括风电场的实地调研与资料收集、数据处理与指标计算、计算结果对比分析。各部分的编写应按 QX/T 469—2018 中第 5 章的要求进行。

②报告评审。专家组应主要按照 QX/T 469—2018《气候可行性论证规范　总则》中 11.2 的要求，从数据的合理性和代表性，对相关国家或行业标准、规范的符合性，方法及结论的合理性、科学性和正确性等方面，对报告进行审查。报告完成后，对风电场风能资源后

评估报告进行评审。报告编制单位根据评审专家意见,修改完善并形成报告终稿。

3.6.3 实例分析

为综合评估风电场风能资源情况、发电量效益,将从风能资源和发电量角度,通过分析设计阶段与实际运行阶段的差异,探讨湖北某风电场效益不佳的原因。

3.6.3.1 资料与方法

(1)相关资料说明

选取湖北省内某风电场开展后评估工作,风电场位于西南—东北走向山脉,海拔在 1500~1800 m,山脊多为荒坡、草场,林木稀少。风电场内 1 号、3—8 号风机情况如表 3.21 所示。

表 3.21 风机基本情况

风机编号	单机容量	海拔高度/m
1		1711
3		1721
4		1679
5	850 kW	1706
6		1695
7		1701
8		1699
9		1632

采用 8 台风机 2016 年 7 月至 2017 年 6 月和 1 座设计阶段测风塔(A♯)2003 年 1—12 月的数据进行对比分析。其中,A♯塔资料直接从该风电项目可行性研究报告中提取(已进行过数据处理)。

(2)数据处理及分析方法

①数据的合理性检验

依据《风电场风能资源评估方法》(GB/T 18710—2002)及《风电场气象观测及资料审核、订正技术规范》(QX/T 74—2007),对风机的风速、风向、功率、发电量等数据进行合理性检验。

另外,功率数据还应剔除由风机故障、限电因素、特殊气象条件等影响导致变化的数据,即利用风速与功率数据拟合的实际功率曲线,删除明显不合理的离散点。

②数据的插补订正

依据《风电场气象观测及资料审核、订正技术规范》(QX/T 74—2007),利用西南边 6~10 km 的测风塔数据(相关系数为 0.86~0.90),采用比值法对风机风速进行插补订正。

风机缺测风速 V_1 与同期测风塔风速 V_2 满足:

$$\frac{V_1}{V_2} = k \tag{3.31}$$

式中,k 为常数。

③数据的长年代订正

由于气象站周边环境变化较大,而探空资料可以较好撇除地面观测站受周边环境等变化而造成的风速减少,因此,采用风电场附近的恩施气象站 2000 m 高度探空风速历史资料进行长年代订正。

$$V_{长年2} = V_{长年1} - V_{观测1} + V_{观测2} \qquad (3.32)$$

式中,$V_{长年2}$ 为长年代订正后的风机风速;$V_{长年1}$ 为恩施探空 2000 m 高度长年平均风速;$V_{观测1}$ 为恩施探空 2000 m 高度观测年平均风速;$V_{观测2}$ 为风机观测年平均风速。

由表 3.22 可知,风机运行时段(2016 年 7 月至 2017 年 6 月)风速可代表长年代情况。

表 3.22 恩施气象站(2000 m 高度探空风速)观测年及历史平均风速对比

单位：m/s

气象站	观测年平均风速	近 20 a 平均风速 (1997 年 7 月—2017 年 6 月)	近 10 a 平均风速 (2007 年 7 月—2017 年 6 月)	近 5 a 平均风速 (2012 年 7 月—2017 年 6 月)
恩施	5.0	5.1	5.1	5.1

注:每年均为当年 7 月到下一年 6 月,2016 年即为观测年。

④ 数据的对比分析

从风能资源和发电量方面筛选出 9 个后评估因子,具体如表 3.23 所示,来开展设计阶段与运行阶段的差异性分析。首先对 1 级评估因子的年值进行统计及对比分析,选出差异明显偏大的风机,即典型风机,通过对比 1 级因子的月值和 2 级因子的年值来深入讨论设计与运行阶段的差异。

表 3.23 风电场后评估因子分类情况

类别	1 级		2 级			
风能资源	风速	风向	风功率密度	风速频率分布	长年代订正情况	
电量			风机运行时数	风机限电时数	风机故障时数	发电量

设计与运行阶段的对比采用差值法。

$$\Delta\sigma = Y_{设计} - Y_{运行} \qquad (3.33)$$

式中,$Y_{设计}$ 为设计阶段评估因子值;$Y_{运行}$ 为运行阶段评估因子值;$\Delta\sigma$ 为设计与运行阶段各评估因子的偏差。

3.6.3.2 设计与运行阶段的对比分析

本节采用的风机(运行阶段)和 A♯测风塔(设计阶段)数据均进行了合理性检验、插补订正和长年代订正,风机与 A♯塔的对比采用近似高度,即风机采用 44 m 高度数据,A♯塔采用 40 m 高度数据。

(1)典型风机的筛选

对 1 级评估因子进行对比分析,首先得到 A♯塔与各风机年平均风速 $\Delta\sigma$ 分布情况见图 3.28,可见除 5 号外,其他风机的平均风速 $\Delta\sigma$ 均为负值,在 $-1.2 \sim -0.1$ m/s,即设计值偏小,而 5 号风机的平均风速 $\Delta\sigma$ 为 0.1 m/s,即设计值偏大。其中,1 号、3 号、4 号、7 号、8 号风机 $\Delta\sigma$ 超过 0.5 m/s,可见测风塔对于整个风电场的风速代表性较差。

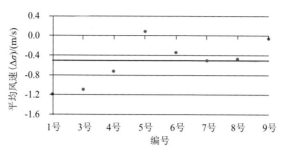

图 3.28 A# 塔与各风机年平均风速 $\Delta\sigma$ 的分布

由图 3.29 可知,该风电场的风向主要集中在 SE—S 扇区,其中 A♯塔、3 号、9 号风机主导风向为 SE 风,次多风向为 SSE 风,1 号、4 号—6 号风机主导风向为 SSE 风,7 号、8 号风机偏差较大,其主导风向分别为 SSW、S 风。可见,A♯测风塔的风向不能完全代表全场的风向情况。

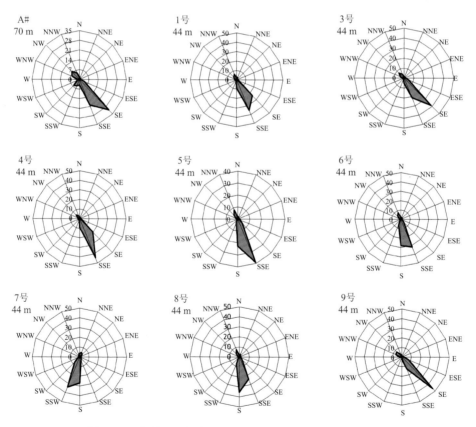

图 3.29 设计、运行阶段测风塔、风机风向频率(%)玫瑰图

综合考虑风速和风向情况,筛选 1 号、3 号、4 号、7 号、8 号风机为典型风机,进行深入分析。

（2）典型风机与测风塔的差异性分析

① 风速及频率分布

由图 3.30 可知，大部分 A♯ 与典型风机的平均风速 $\Delta\sigma$ 均超过 0.5 m/s，且 9 月、10 月、12 月的平均风速 $\Delta\sigma$ 偏大，最大差异超过 1.0 m/s。另外，典型风机在 3 m/s、11～21 m/s 风速段频率 $\Delta\sigma$ 大部分为负值，即设计值偏小，其数值大部分未超过 -1.6%。主要差异出现在 4～10 m/s 风速段，其频率 $\Delta\sigma$ 大部分为正值，差异最大达 4.8%，设计值偏大。

从各月来看，由于 A♯ 测风塔与 5 台风机的 1—8 月风速变化趋势基本一致，而 9—12 月趋势有一定偏差，考虑存在测风塔受冬季覆冰影响导致的数据缺测和插补订正准确度的问题，或可能存在长年代订正准确性的问题。从不同风速段来看，无论是 A♯ 测风塔还是典型风机，超过 11 m/s 风速出现较少，一般都集中在 3～9 m/s，且该段风速内 $\Delta\sigma$ 明显偏大，因此仍然考虑是设计阶段测风塔代表性不足的问题导致。

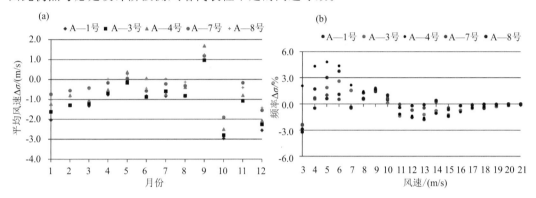

图 3.30　A# 塔与典型风机不同情境下平均风速 $\Delta\sigma$ 的分布

(a)12 个月；(b)3～21 m/s 风速段

② 风功率密度

A♯ 塔与风机的风功率密度对比由图 3.31 可知，1 号、3 号、4 号风机年平均风功率密度明显偏大，10 月至次年 4 月均超过 300.0 W/m²，7 号、8 号风机及 A♯ 的各月平均风功率密度较为一致，在 200 W/m² 上下。另外，典型风机的平均风功率密度 $\Delta\sigma$ 均为负值，在 -138.9～-12.3 W/m² 之间，即设计值偏小。

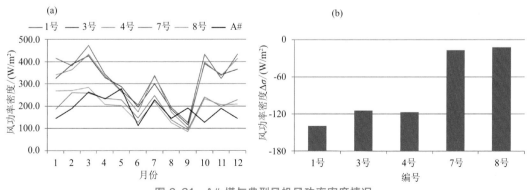

图 3.31　A# 塔与典型风机风功率密度情况

(a)各月变化情况；(b)风功率密度 $\Delta\sigma$ 的分布

综上所述,该风电场可能存在 A♯塔对于 1 号、3 号、4 号风机的风速和风功率密度代表性不足的问题,对于 7 号、8 号风机可能存在风向代表性不足的问题。而风速和风功率密度将直接影响发电量,风向将影响风机的偏航对风时间。

③ 长年代订正

通过计算得到风电场风机运行时段为平风年,无需进行长年代订正,因此不再赘述。而为找出风电场设计阶段可能存在的问题,本节主要对设计阶段的长年代订正情况进行复核。

由表 3.24 可见,恩施气象站 2000 m 高度近 20 a 平均风速为 5.0 m/s,近 10 a、近 5 a 平均风速为 4.9 m/s,与设计阶段同年的平均风速为 5.2 m/s。可见,设计阶段(2003 年 1—12 月)平均风速比恩施探空站长年平均风速偏大,因此将 A♯塔观测风速减去 0.3 m/s 即可代表长年代风能资源状况。

表 3.24 恩施气象站(2000 m 高度探空风速)观测年(2016 年 7 月—2017 年 6 月)及历史平均风速对比

单位: m/s

气象站	观测年平均风速	近 20 a 平均风速	近 10 a 平均风速	近 5 a 平均风速
恩施	5.2	5.0	4.9	4.9

根据该风电场的可研报告,A♯塔长年代风能资源订正后,其年平均风速减去了 0.6 m/s,40 m 高度风速由 5.9 m/s 降为 5.3 m/s。可研报告中直接采用了利川气象站的风速进行的长年代订正,但利川站受到周边环境影响,20 世纪 80 年代以来风速呈逐渐下降趋势,导致可研报告中经过订正后的 A♯塔平均风速偏小,这也是导致实际风机风速及风功率密度比测风塔偏大的原因之一。

④ 运行、故障及限电时间

由风机数据计算得到(表 3.25),典型风机运行时间在 7109～7575 h,故障时间在 586～712 h,限电时间在 4～361 h。设计的运行时间为 8322 h,故障限电时间为 438 h。由图 3.32 所示,典型风机运行时间 $\Delta\sigma$ 在 747～1213 h,设计值偏大,而故障限电时间 $\Delta\sigma$ 在 −568～−161 h,设计值偏小。可见,风机的故障发生率和设计时有较大差距。另外,8 号风机的限电时间也较其他风机明显偏多,导致设计和运行值的差异明显。

表 3.25 风机和设计阶段运行时间、故障时间、限电时间

单位: h

编号	运行时间	故障时间	限电时间
1 号	7276	712	60
3 号	7575	586	13
4 号	7530	613	4
7 号	7535	605	15
8 号	7109	645	361
设计阶段	8322	438	

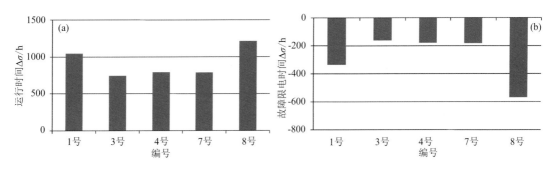

图 3.32　各风机运行、故障时间 $\Delta\sigma$ 分布

(a)运行时间；(b)故障时间

⑤发电量

由风机数据计算得到(图3.33)，典型风机发电量在166.3万～220.0万 kW·h，设计发电量在 279.9 万～317.2 万 kW·h。可见风机实际发电量明显小于设计值。而发电量 $\Delta\sigma$ 1 号风机最小为 59.9 万 kW·h，其余风机均超过 100 万 kW·h，最高为 4 号风机，达到 125.5 万 kW·h。

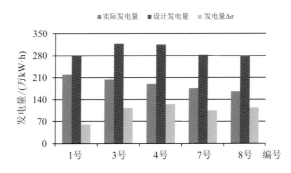

图 3.33　典型风机实际发电量与设计发电量对比

通过以上分析发现，该风电场存在设计阶段测风塔风速、风功率密度明显小于典型风机，但典型风机发电量却小于设计量的情况，这是由于可研报告中采用 WASP 将 A♯塔风速推向整场时，得到整场代表点的轮毂高度风速为 7.08 m/s，这个推导的风速过大导致了设计发电量与风机实际发电量差异相反的情况。

3.6.3.3　后评估结论

综上所述，该风电场设计情况与运行情况的差异较大，风机发电量和设计电量的差异直接影响了风电场的运行效益，其中风机 1 号、3 号、4 号、7 号、8 号尤为典型。从风能资源与发电量的角度出发，影响其效益的原因具体如下。

(1)设计阶段测风塔数据准确性问题

从各月风速来看，A♯塔与 5 台典型风机的风速偏差主要出现在秋冬季，因此可能存在测风塔受冬季覆冰影响导致的数据缺测和插补订正准确度的问题，最终影响测风塔数据的准确性。

（2）设计阶段测风塔代表性问题

从计算结果看出,大部分情况下设计阶段 A♯塔与典型风机的平均风速 $\Delta\sigma$ 超过 0.5 m/s,且 3～9 m/s 风速段 $\Delta\sigma$ 明显偏大,风功率密度 $\Delta\sigma$ 最高达 -138.9 W/m²。另外,7 号、8 号风机最多风向和 A♯塔差距 2～3 个扇区。可见设计阶段测风塔对于整场的风能资源情况代表性偏差,风速和功率密度的代表性不足直接影响了对整场发电量的把握,风向的代表性不足将增长风机的偏航对风时间。

（3）设计阶段长年代订正准确性问题

利川气象站受到周边环境影响,20 世纪 80 年代以来风速呈逐渐下降趋势,直接采用该站进行长年代订正,存在一定的不合理性,这也是导致实际风机风速及风功率密度比测风塔偏大的原因之一。

（4）风机故障问题

由于风电场海拔偏高,低温冰冻严重,需要考虑由于天气原因导致的风机故障问题,设计值（包含限电时间）仅折减了全年的 5% 左右,而典型风机的实际故障时间超过了 7%（不包含限电时间）,存在一定差异,故障时间设计值偏小,从而影响了设计发电量。

（5）风机限电问题

典型风机中存在单台风机限电严重的情况,即 8 号风机限电时间达 361 h,设计时对该问题明显考虑不足。

（6）WASP 软件准确性问题

采用 WASP 将 A♯塔风速推向整场时,得到整场代表点的轮毂高度风速为 7.08 m/s,该风速较典型风机偏大 0.6～1.3 m/s,可见 WASP 软件的准确性是设计发电量偏大的主要原因。

由于目前仅收集了风电场 8 台风机的资料,数据较少,因此后期仍需收集该风电场更多风机资料来进一步充分论证。

第 4 章
风电场光伏电站功率预报预测服务

4.1 发电功率短期预报方法

风能和太阳能作为间歇性能源,其波动性变化特征会对并网电力系统造成安全风险。准确、及时的功率预测,是解决这一问题的有效途径。目前,功率预测技术被公认为是缓解新能源并网带给电力系统不利影响、提高电力系统中新能源渗透率的有效途径之一。

风电和光伏发电功率预报方法可以按照预测时间尺度和按照不同的数学模型进行分类。按照预测时间尺度不同可以分为 4 h 以内的超短期预报、短期预报、中期预报和长期预报,具体内容如表4.1所示。

表 4.1　按照不同预测时间尺度划分

类型	时间范围	用途
超短期预报	4 h 以内	监管、实时电网运营、电力市场交易、涡轮机控制
短期预报	1～10 d	负荷调度规划、负荷智能决策
中期预报	3～30 d	运维计划、电力市场、能源交易、在线和离线发电决策中的运营安全
长期预报	30 d 以上	储备需求、维护计划、最佳运营成本、运营管理

风电和光伏发电功率预测预报根据分类依据的不同有多种分类方法(表4.2)。按预测的物理量分类可分为两种,一种为先预测风速或辐射再预测输出功率(物理法),另一种为直接预测输出功率(统计法);按数学模型分类,可分为持续预测法、时间序列法、卡尔曼滤波法、支持向量机法、人工神经网络法、深度学习方法等;按输入数据分类可分为使用数值气象预报的预测方法和不使用气象预报的预测方法(即基于历史数据的预测方法);按预报的时间尺度划分可分为超短期预报(未来几个小时)和短期预报(未来 1～10 d 或更长时间)。

表 4.2　按照不同预测方法划分

预报方法	算法介绍
原理法	基于数值预报的风速、太阳总辐射和风机功率曲线、光电效率转换模型、地形地貌数据
动力统计法	根据发电站历史气象资料和发电量资料,采用统计学算法建模(如多元回归、神经网络、深度学习方法等)再结合数值预报输入
时间序列法	通过发电功率数据序列间自回归模型、滑动平均模型、自回归-滑动平均模型等相关统计模型,得到发电功率短期预报值
相似法	以近期与预报日天气类似的某一日的实际发电功率数据序列作为下一日的发电功率预报

4.1.1 复杂地形条件下风电功率预报算法

然而在风电场大规模的服务实践过程中发现,针对建立订正模型所需的高质量数据资料,往往会受测风塔观测数据质量不高、风机因老化、停机检修、限电、覆冰等诸多因素影响而不能正常出力,需要花费大量的人力和物力对数据进行清洗和质量控制。同时,随着并网风电规模越来越大,国家能源局华中监管局2019年7月发布了对每日预报准确率进行考核的文件,即《华中区域并网发电厂辅助服务管理实施细则》和《华中区域发电厂并网运行管理实施细则》,对预报的合格率和准确率提出了更高的要求。因此,如何建立一个可以适应不同数据场景又能提供持续高准确率的功率预测算法体系,并在大规模的工程应用中以经济高效的方式运行是一个急需破解的难题。

使用包括物理法,即利用数值预报的风速、风向、温度、湿度气压等预报要素,根据风机的功率曲线预报发电功率的方法;偏最小二乘法,基于线性回归和最小二乘法基础上的一种高度非线性体系的统计预报方法;神经网络算法,是一种高度非线性的预报方法,能够以任意精度逼近任何非线性映射,以及考虑数值预报周期性和季节性波动特点的滚动风速订正方法,并建立了基于风速订正方法的物理法、偏最小二乘法、神经网络方法进行功率预测,通过实际对比检验,每一种单一方法均无法满足风电场对持续高准确率预报的要求,受深度学习方法的启发,在这些方法基础上建立了softmax的集成预报方法,为对风电场持续高准确率的功率预报服务提供了一种新的思路和解决方法。

4.1.1.1　资料与方法

（1）资料

利用湖北省14个风电场2018年5月至2019年12月期间的数据进行试验,经过分析和筛选,每个站挑选了数据质量较好的7个月数据(其中第1个月数据用于训练,剩余6个月的数据用于检验准确率),包括风电场的功率实况数据、测风塔数据及数值预报数据,时间分辨率均为15 min,数值预报使用欧洲中期天气预报中心(European Center for Medium-Range Weather Forecasts,ECMWF)产品,区域水平分辨率为3 km×3 km。挑选3个具有典型代表地区的风电场进行6种短期功率预报算法的详细分析,分别是位于鄂西北部海拔较高的齐岳山风电场,鄂北随州地区的天河口风电场,鄂东低山丘陵地区的黄冈武穴大金风电场。

（2）方法

为适应不同风电场的数据条件和场景,使用数值模式预报输出结果输入到物理法、偏最小二乘法、神经网络法3种功率预报模型中,以及结合风电场实际测风数据对风速和功率曲线进行滚动订正和建模,再输入到上述3种功率预报模型中的算法。在长期风电场服务过程中发现,由于每个风场观测数据的稳定性、数值预报误差的不确定性等因素导致无法使用任何一种单一的预报方法进行高合格率和高准确率预报服务。

均值法集成预报方法存在一些固有缺陷,容易高估小风,导致小风天气因为平滑而被夸大,低估大风,导致大风天气的预报能力因为平滑而被降低,给功率预报造成了困扰,降低预报的合格率。越来越多实践表明,预报准确率较高的方法应赋予"更高"的权重,预报准确率不高的方法偶尔也能得到一定的权重,准确率不同的预报方法之间的权重需要具有一定的"距离",softmax函数恰好能够满足这个要求,该函数是机器学习领域比较重要的函数,尤其在多分类的任务中应用广泛,softmax函数可形式化表示为:

$$\delta_i(z) = \frac{e^{z_i}}{\sum\limits_{i=1}^{j} e^{z_i}} \tag{4.1}$$

式中，$0 \leqslant \delta_i(z) \leqslant 1$，且 $\sum\limits_{i=1}^{j} \delta_i(z) = 1$，满足概率性质；$j$ 代表参与集成预报算法的种类数，这里取 3；z_i 代表第 i 个预报算法近 30 d 合格的天数。指数表示法使得准确率不同的预报方法具有较高的"区分度"，如方法一预报合格率为 25 d，方法二预报合格率为 24 d，方法三为 20 d，则通过 softmax 函数变换后为 $\delta_1(z) = 0.7247$，$\delta_2(z) = 0.2676$，$\delta_3(z) = 0.0049$。

设某一时刻方法一预报功率为 P_1，方法二预报功率为 P_2，方法三预报功率为 P_3，则集成预报的功率

$$P = \delta_1(z) \times P_1 + \delta_2(z) \times P_2 + \delta_3(z) \times P_3 \tag{4.2}$$

从式（4.2）可以看出，softmax 集合方法可以"凸显"最近 30 d 预报准确率较高的方法并"抑制"最近 30 d 预报准确率相对一般的方法，如 3 种方法都具有相同的准确率，则该方法变为均值法。

通过以上可以看出，每天选择参与集成预报的方法是根据这些预报方法最近 30 d 预报的准确率进行动态调整的，而不是固定的 3 种方法。

功率预报预测合格率 Q 计算方法为

$$Q = \frac{1}{n} \sum_{i=1}^{n} B_i \times 100\% \qquad B_i = \begin{cases} 1 & 1 - r_{RMSE} \geqslant 0.80 \\ 0 & 1 - r_{RMSE} < 0.80 \end{cases} \tag{4.3}$$

式中，r_{RMSE} 为每天功率预报的相对均方根误差，当预报准确率 $\geqslant 80\%$ 为 1，表示该日预报合格，$< 80\%$ 为 0 表示该日预报不合格。

（3）预报流程

设计了两大类预报算法：①基于原始数值预报结果进行预报的物理法、偏最小二乘法和神经网络法；②原始数值预报结合现场观测数据进行风速订正的基础上，再代将订正风速进行物理法、偏最小二乘法和神经网络法进行预报。对以上 6 种算法再进行最近 30 d 的预测合格率计算并优选合格率最高的 3 种预报算法，再对这 3 种预报算法进行 softmax 集成预报，图 4.1 为流程图。

4.1.1.2　预报效果分析

通过对全省 14 个风电场，使用 3 种基本预报算法（物理法、神经网络法和偏最小二乘法），并对模式输出风速结合测风塔风速进行实时订正，再代入上述 3 种预报算法，总共使用了 6 种单一预报算法和 2 种集成预报算法，在此基础上对功率预报算法准确率进行大数据分析，发现这些算法在每个电站都表现出不同的预报能力，由于数值预报在每个区域表现出不同的预报性能，为检验该方法在不同典型条件下的预报能力，挑选 3 个典型个例进行详细分析：①个例 1：该风场位于鄂北部山区，风机较多，装机容量大，投产时间长，观测数据受风机老化、检修、限电等各种不确定因素影响较大，数值预报较为准确；②个例 2：该风场位于鄂西南高海拔山区，投产时间短，观测数据质量高，数值预报在该地区存在系统偏差；③个例 3：该风场位于鄂东低山丘陵地区，装机规模小，投产时间短，观测数据质量高，数值预报经订正

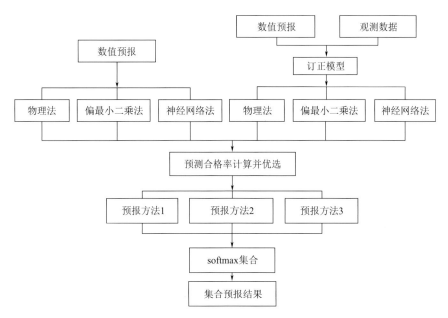

图 4.1　softmax 集成预报流程图

后大部分月份能满足要求。

（1）个例 1

随州天河口风电场地处随州市桐柏山脉,风场由一条东西走向长 10 多千米的主导山脊组成,风场占地面积大,地形地貌条件复杂,装机容量 220 MW,为湖北省境内最大装机容量风电场,共 135 台风机,选取了 2019 年 4—10 月半年的数据进行了各种算法的合格率和准确率统计,分别见表 4.3 和表 4.4。

在表 4.3 中相较于前 6 种算法每个月合格的天数表现并不稳定,而后 2 种集成预报算法却表现出了较好的稳定性,softmax 集成预报算法 7 月、8 月和 9 月 3 个月较均值法集成预报合格率提高 2 d,其他月份提高 1 d,平均提高 1.5 d 左右。

表 4.3　天河口风场 5—10 月各算法预报合格率对比表

算法名称		功率预报合格天数和合格率												
		5 月		6 月		7 月		8 月		9 月		10 月		平均	
		天数/d	合格率/%	天数/d	合格率/%	天数/d	合格率/%	天数/d	合格率/%	天数/d	合格率/%	天数/d	合格率/%	天数/d	合格率/%
数值预报输出风速	物理法	26	83.87	24	80.00	25	80.65	25	80.65	26	86.67	25	83.33	25.2	82.53
	神经网络	24	77.42	22	73.33	20	64.52	24	77.42	18	60.00	18	60.00	21.0	68.78
	偏最小二乘	24	77.42	20	66.67	24	77.42	25	80.65	27	90.00	21	70.00	23.5	77.03
订正风速	物理法	26	83.87	24	80.00	24	77.42	26	83.87	25	83.33	27	90.00	25.3	83.08
	神经网络	24	77.42	22	73.33	22	70.97	27	87.10	24	80.00	26	86.67	24.2	79.25
	偏最小二乘	25	80.65	23	76.67	23	74.19	25	80.65	27	90.00	21	70.00	24.0	78.69
集成预报	均值法	25	80.65	23	76.67	22	70.97	25	80.65	25	83.33	24	80.00	24.0	78.71
	softmax	26	83.87	24	80.00	24	77.42	27	87.10	26	86.67	26	86.67	25.5	83.62

表 4.4　天河口风场 5—10 月各算法预报准确率对比表

%

算法名称		功率预报准确率						
		5 月	6 月	7 月	8 月	9 月	10 月	平均
数值预报输出风速	物理法	83.89	82.18	83.94	83.05	82.99	83.2	83.21
	神经网络	81.95	81.52	79.43	82.47	78.60	79.66	80.61
	偏最小二乘	83.28	80.37	82.76	82.54	83.23	80.03	82.04
订正风速	物理法	83.87	81.18	83.66	83.84	82.07	86.3	83.49
	神经网络	82.93	80.37	81.89	84.63	81.58	84.41	82.64
	偏最小二乘	83.37	81.06	83.37	83.15	83.76	80.22	82.49
集成预报	均值法	84.58	81.25	83.08	84.05	84.05	83.07	83.35
	softmax	85.17	81.84	83.84	85.18	84.81	83.99	84.14

通过表 4.4 可以看出,数值模式的原始预报较准确,即使在没有订正的基础上,预报准确率也均大于 80%。6—8 月该风场物理法较神经网络法和偏最小二乘法的预报准确率更高,以 6 月为例分析发现,5 月整场的风速和实况功率的散点图(如图 4.2 所示),虽成 S 型分布,但对于 4 m 到 10 m 之间的风速来说,对应的实况功率取值范围较大,以 4～5 m 风速为例,其对应实况功率样本取值范围分布在[0 MW,150 MW],由于神经网络法和偏最小二乘法是采用最近前 30 d 的数据滚动建模,所以 5 月的数据不利于机器学习,影响了 6 月神经网络法和偏最小二乘法预报准确率,分析原因可能是由于该风场装机容量较大,风机较多,整场出力受到了如风机检修、老化等各种不确定因素的影响。结合表 4.3 可以看出,softmax 较均值法集成预报月平均准确率提升虽然不到 1%,但月平均合格天数却有显著提升。

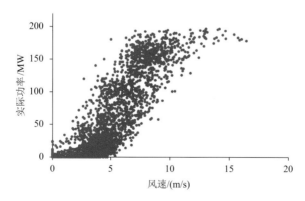

图 4.2　2019 年 5 月实况风速-功率散点图

5 月至 7 月物理法预报准确率更高,以 6 月为例分析原因发现,6 月订正前的均方根误差为 2.23 m/s,订正后均方根误差为 2.24 m/s,误差不仅没有下降,相反却略有增大,如图 4.3 所示。这导致了通过风速订正后的预报算法反而比没有订正的算法预报效果好。softmax 集成预报的准确率较均值法集成预报具有更好的效果,其中 10 月份比均值法高 0.92%。

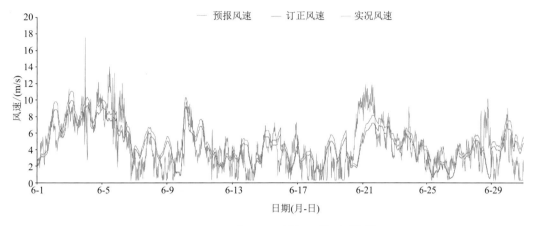

图 4.3　2019 年 6 月风速订正前后对比图

(2)个例 2

利川齐岳山风电场位于鄂西北高海拔山区,总装机容量 99 MW,共 66 台风机,选取该风电场 2018 年 5 月至 11 月的功率预报准确率进行分析,见表 4.5 和表 4.6。

通过表 4.5 可以看出,softmax 较均值法集成预报合格天数高 1～3 d,其中在 8 月和 11 月合格率一样,以 11 月为例,由于这两种集成预报优选的 3 种预报算法合格天数均为 25 d,由式(4.2)可知,softmax 集成预报算法则变成了均值法集成预报,故两种集成预报合格天数一样。总体看来,月平均合格天数 softmax 比均值法预报高 1.3 d。

表 4.5　齐岳山风场 6—11 月各算法预报合格率对比表

算法名称		功率预报合格天数和合格率												
		6 月		7 月		8 月		9 月		10 月		11 月		平均	
		天数/d	合格率/%	天数/d	合格率/%	天数/d	合格率/%	天数/d	合格率/%	天数/d	合格率/%	天数/d	合格率/%	天数/d	合格率/%
数值预报输出风速	物理法	20	66.67	19	61.29	26	83.87	20	66.67	19	61.29	21	70.00	20.8	68.30
	神经网络	24	80.00	21	67.74	26	83.87	26	86.67	25	80.65	25	83.33	24.5	80.38
	偏最小二乘	17	56.67	25	80.65	21	67.74	26	86.67	24	77.42	24	80.00	22.8	74.86
订正风速	物理法	23	76.67	23	74.19	25	80.65	21	70.00	23	74.19	25	83.33	23.3	76.51
	神经网络	24	80.00	22	70.97	25	80.65	27	90.00	26	83.87	25	83.33	24.8	81.47
	偏最小二乘	23	76.67	22	70.97	20	64.52	24	80.00	25	80.65	24	80.00	23.0	75.47
集成预报	均值法	21	70.00	23	74.19	26	83.87	25	83.33	24	77.42	25	83.33	24.0	78.69
	softmax	24	80.00	25	80.65	26	83.87	26	86.67	26	83.87	25	83.33	25.3	83.06

表 4.6　齐岳山风场 6—11 月各算法预报准确率对比表

%

算法名称		功率预报准确率						
		6 月	7 月	8 月	9 月	10 月	11 月	平均
数值预报输出风速	物理法	79.30	77.99	83.39	78.06	78.87	81.79	79.90
	神经网络	82.26	79.20	83.14	82.38	83.23	83.67	82.31
	偏最小二乘	75.39	81.63	80.79	82.60	82.04	82.92	80.90
订正风速	物理法	82.66	79.61	82.65	81.70	85.54	82.88	82.51
	神经网络	83.19	79.34	82.78	84.31	82.12	83.18	82.65
	偏最小二乘	82.25	79.51	80.67	80.99	81.55	82.77	81.29
集成预报	均值法	81.30	80.04	82.71	83.33	85.72	83.38	82.75
	softmax	82.35	80.99	82.76	83.69	85.78	83.54	83.19

如图 4.4 所示,7 月和 11 月订正风速后的均方根误差 RMSE 略有增大,其中 10 月份风速经订正后均方根误差下降了 0.26 m/s。由表 4.6 可以看出,除 8 月外,物理法都没有其他预报方法效果好,其中 6 月、9 月、10 月 3 个月经风速订正后的预报算法准确率都得到了显著改进,较物理法分别提升了 3.89%、6.25%、7.25%,与图 4.4 风速订正误差较为吻合,尤其是 10 月,风速订正后改进最为明显。从各月预报准确率来看,softmax 集成预报法接近单一预报方法的最大值,每个月都优于均值法集成预报。

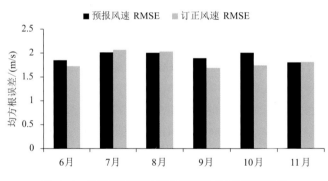

图 4.4　风速订正前后均方根误差 RMSE 对比图

（3）个例 3

武穴大金中部风电场装机容量 26 MW,共 13 台风机,位于鄂东低山丘陵地区,选取该风电场 2019 年 6—12 月的功率预报准确率进行分析,各算法预报合格率和准确率见表 4.7 和表 4.8。Softmax 较均值法集成预报合格天数每个月高 1～3 d,尤其是 10 月和 12 月合格天数提高较为明显,提高了 3 d。类似于天河口风电场,月平均提高了 1.8 d。

表 4.7 大金风场 7—12 月各算法预报合格率对比表

算法名称		功率预报合格天数和合格率												
		7 月		8 月		9 月		10 月		11 月		12 月		平均	
		天数/d	合格率/%	天数/d	合格率/%	天数/d	合格率/%	天数/d	合格率/%	天数/d	合格率/%	天数/d	合格率/%	天数/d	合格率/%
数值预报输出风速	物理法	18	58.06	22	70.97	14	46.67	21	70.00	22	73.33	21	67.74	19.7	64.46
	神经网络	10	32.26	17	54.84	14	46.67	21	70.00	21	70.00	21	67.74	17.3	56.92
	偏最小二乘	19	61.29	24	77.42	18	60.00	23	76.67	25	83.33	24	77.42	22.2	72.69
订正风速	物理法	18	58.06	24	77.42	14	46.67	24	73.33	22	80.00	26	83.87	21.3	69.89
	神经网络	17	54.84	24	77.42	15	50.00	24	80.00	22	73.33	26	83.87	21.3	69.91
	偏最小二乘	17	54.84	24	77.42	17	56.67	23	76.67	22	73.33	24	77.42	21.2	69.39
集成预报	均值法	17	54.84	23	74.19	16	53.33	21	70.00	24	80.00	23	74.19	20.7	67.76
	softmax	19	61.29	24	77.42	17	56.67	24	80.00	25	83.33	26	83.87	22.5	73.76

表 4.8 大金风场 7—12 月各算法预报准确率对比表

%

算法名称		功率预报准确率						
		7 月	8 月	9 月	10 月	11 月	12 月	平均
数值预报输出风速	物理法	73.39	81.24	72.95	79.45	81.71	79.25	78.00
	神经网络	64.86	74.16	73.07	79.60	81.52	78.58	75.30
	偏最小二乘	75.55	82.21	76.84	82.46	84.39	82.51	80.66
订正风速	物理法	74.39	81.44	72.28	82.99	83.57	85.00	79.95
	神经网络	75.66	82.87	74.10	83.60	83.54	86.30	81.01
	偏最小二乘	75.86	82.05	75.84	82.66	82.70	83.76	80.48
集成预报	均值法	76.15	81.59	74.51	82.34	84.39	84.50	80.58
	softmax	77.17	81.87	75.13	82.67	84.54	84.49	80.98

由表 4.8 可见,物理法明显比其他算法准确率低,对风速订正后的算法除 9 月和 11 月外,其他月份都是预报准确率最高的,尤其是 9 月,偏最小二乘法提高 3.89%。对比图 4.2 发现,该风场散点图数据聚集度高,如图 4.5 所示,经过数据清洗后,噪声数据少,适合机器学习模型的建立,所以统计方法较物理法准确率更高。由图 4.6 可以看出,12 月预报风速与实况风速存在明显的系统偏差,预报风速偏小,订正前风速均方根误差 2.06 m/s,订正后风速均方根误差为 1.77 m/s,下降了 0.26 m/s。经风速订正后的神经网络法准确率提高了 7.05%,预报准确率得到了显著提升。

Softmax 集成预报法在 7 月,比单一预报算法准确率最高的偏最小二乘法(订正风速)提高了 1.02%,其他月份均接近单一预报算法准确率最高的算法。除 12 月外,其他月份均高于均值法集成预报。

综上,通过 3 个电站的典型个例分析发现,6 个单一的预报算法在每个电站每个月都会

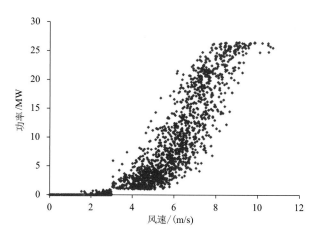

图 4.5　大金风电场 9 月实况风速-功率散点图

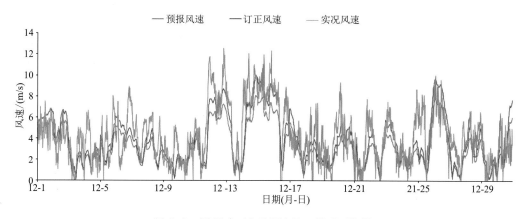

图 4.6　2019 年 12 月风速订正前后对比图

有不同的表现,预报合格率和准确率受数值预报的不确定性、训练数据(历史数据)的质量问题、风机老化程度、检修等各种错综复杂的主客观因素影响,如在天河口风电场,装机容量较大,原始的数值预报在没有订正的情况下都能达到 80% 以上;而在齐岳山风电场观测数据质量较高,数值预报存在一定系统偏差,使用订正后的预报算法效果更好,但没有任何一个单一预报算法所有月份都大于 80%;在大金风电场虽然观测数据质量也较好,但极少数月份通过订正后仍然不能达到 80%,有赖于数值预报的能力进一步提高。通过应用实践表明,softmax 集成预报算法可以集各个预报算法的长处,较传统均值法集成预报月平均合格天数提高 1~2 d,准确率提高 0.4%~0.8%,具有更高的合格率和准确率。

4.1.1.3　预报结果分析

本书设计了包括集成预报在内的 8 种预报算法,通过全省 14 家风电场半年的功率预报结果进行大数据分析发现:

①在数值模式后处理的订正方面,统计订正方法的确可以修正数值预报的系统偏差,但同一数值模式在不同地区表现出不同的预报能力,甚至同一地区的不同月份和季节都表现出了不同的预报能力,订正算法有时候也会使预报误差增大,最终影响功率预报的合格率和

准确率;

②在采用实际功率曲线方面,偏最小二乘法与神经网络算法在部分电站表现出了较好的预报能力,分析发现这与风机出力和测风质量较高,易于模型的训练有关;

③在数据质量方面,观测数据的质量会严重影响订正模型的表现能力,对训练样本集噪声数据的清洗是一件费时费力的事情,需结合电站实际情况和专家经验进行具体甄别,需投入大量的人力物力,不利于大规模的推广应用。

综合分析,任何单一算法受数值模式的预报能力、风场规模、风机老化程度(投产时长)、观测数据质量、检修限电等各种因素的影响,即使对每个场站进行深入分析后再精细化建模,要使单一预报算法的合格率和准确率每个月都达到最好效果是一件极困难的事情,受深度学习启发,本节提出了一种 softmax 的集成预报算法,较均值法集成预报算法具有更好的预报效果,使得每个月预报准确率和合格率都能有较稳定的表现,大多数情况下都能逼近每个月预报准确率最高的算法,甚至极个别月份还会超过所有单一预报算法,尤其是每个月的合格天数可以提升 1～3 d,能有效减少电站被考核的电量,提高电站经济效益。

4.1.2　一种光伏发电功率神经网络预报算法

对于光伏电站辐射的预报通常采用中尺度数值模式 WRF(Weather Research and Forecasting Model)进行预报,其对到达地表短波辐射具有一定的预报能力,尤其对晴天辐射的预报,但对于多云和阴雨天的预报误差较大,需要采用统计方法进行进一步订正。影响光伏发电功率预报最为显著的气象因子除辐射外,还受环境温度、风速、季节变化等气象因子影响,其变化复杂,具有非线性变化特点。

而误差反向传播(BP)神经网络具有较好的非线性逼近效果,它不需要专家经验,只需要使用历史数据进行学习和训练,正是具有这些独特的优势使其被广泛应用于长期天气预报中。

在实际的业务应用中,由于大多数光伏电站辐射观测设备常常缺乏维护,导致了电站的辐射观测较实际值偏小,这给建立辐射订正模型带来了困扰。但如光伏电站辐射观测与 WRF 预报具有较好的相关性,另外考虑季节变化的影响,通过使用滚动的 BP 神经网络分别对辐射预报进行订正和对发电功率进行预测,通过仿真试验和实际应用表明,该模型能够较大幅度地提高功率预报的准确率,能够满足工程的实际应用需要。

4.1.2.1　数据和方法

(1)数据来源

所使用的试验数据来源于河南省某光伏电站,装机容量为 2 MW,安装倾角为 30°。数据主要包括实况功率历史数据、气象要素观测历史数据、WRF 预报历史数据,资料时间从 2016 年 7 月至 2016 年 11 月,共 5 个月的数据资料,时间间隔均为 15 min。

(2)滚动的 BP 神经网络方法

BP (Back Propagation)神经网络,即误差反向传播算法的学习过程,它由信息的正向传播和误差的反向传播两个过程组成,通过反向传播来不断调整网络的权值和阈值,最终使误差平方和最小,BP 网络一般由输入层、隐含层和输出层组成,如图 4.7 所示。

BP 网络能够学习和存储大量的输入-输出模式映射关系,能够学习和适应未知信息,具有较好的鲁棒性。Funahashi 已经从理论上证明了具有 S 型函数的 3 层 BP 网络能够以任意精度逼近于任意连续函数。

在本项目中使用 3 层神经网络模型,各层之间的数学关系为:激活函数使用双曲正切 S 型(Sigmoid)函数为:

$$f(x) = \frac{e^x - e^{-x}}{e^x + e^{-x}} \qquad (4.4)$$

输出层为

$$O_k = f(\text{net}_k), \text{net}_k = \sum_{k=1}^{m} w_{jk} y_j (k = 1, 2, \cdots, l) \qquad (4.5)$$

隐含层为

$$Y_j = f(\text{net}_j), \text{net}_j = \sum_{j=1}^{n} v_{ij} x_i (j = 1, 2, \cdots, m) \qquad (4.6)$$

误差函数

$$E_h = 0.5 \sum_{j=1}^{l} (t_{hj} - o_{hj})^2 \qquad (4.7)$$

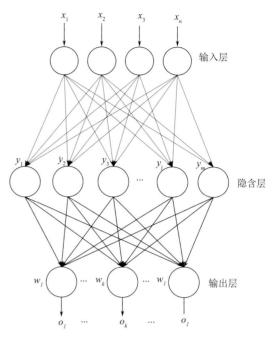

图 4.7　BP 神经网络结构

式中,t_{hj},o_{hj} 分别为网络的期望输出与实际输出;x_i 表示输入层的第 i 个神经元的输入值。在这个模型中,输入层的输入通常为预测模型所使用的气象要素的数据;y_j 表示隐含层的第 j 个神经元的输出值,即激活函数 f 在隐含层神经元上的作用结果。隐含层的作用是将输入层的信息进行转换和抽象,为输出层提供更高级的特征表示;net_j 表示隐含层的第 j 个神经元的加权输入,是输入 x_i 通过权值线性组合而成的结果;w_{jk} 表示输出层的第 j 个神经元与隐含层的第 k 个神经元之间的权重。输出层的每个神经元会接收隐含层各神经元的输出 y_k,通过权重 w_{jk} 进行线性组合后,再通过激活函数 f 得到最终的输出 O_k。

隐层到输出层的权值矩阵为 $W = [w_1, w_2, \cdots, w_l]$。

非滚动的神经网络方法(BP)使用当月 1 日之前固定的 15 d 的历史数据对网络进行训练,不随预报日的变化而动态更新。滚动的神经网络方法(R-BP)使用预报日前 15 d 的历史数据对网络进行训练,历史数据随着预报日的变化而动态变化。非滚动的神经网络方法计算量小,但误差较大,而滚动的神经网络虽然增加了算法计算的时间复杂度,但训练数据能够更好地反映辐射的周期变化,从而减小预报误差。

(3)辐射预报订正及功率预报

通过反复试验确定使用预报前 15 d 的历史辐射预报、风速、辐射观测数据作为辐射订正的神经网络的输入,输入层节点数为 3,输出为辐射订正。功率预报的输入层为预报日前 15 d 的历史辐射实况、功率实况数据,隐层节点数为 4,再将经神经网络订正后的辐射预报代入训练好的网络中预报未来 3 d(72 h)的功率。流程如图 4.8 所示。

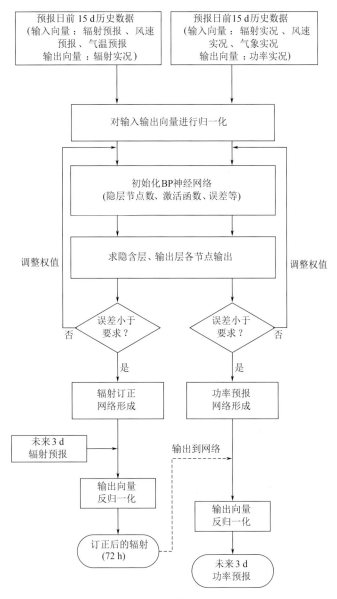

图 4.8 预报流程图

4.1.2.2 效果检验

采用学者通用的误差计算指标,使用相关系数 CORR、平均绝对百分比误差 MAPE 对辐射订正的效果进行对比检验。

$$\mathrm{CORR} = \frac{\dfrac{1}{N}\sum_{i=1}^{N}(P_\mathrm{f}^i - \overline{P_\mathrm{f}})(P_\mathrm{o}^i - \overline{P_\mathrm{o}})}{\sqrt{\dfrac{1}{N}\sum_{i=1}^{N}(P_\mathrm{f}^i - \overline{P_\mathrm{f}})^2 \cdot \dfrac{1}{N}\sum_{i=1}^{N}(P_\mathrm{o}^i - \overline{P_\mathrm{o}})^2}} \qquad (4.8)$$

$$\text{MAPE} = \frac{\frac{1}{N}\sum_{i=1}^{n}|P_f^i - P_o^i|}{\frac{1}{N}\sum_{i=1}^{n}|P_o^i|} \times 100\% \qquad (4.9)$$

功率预报使用相对均方根误差 rRMSE 进行评价

$$\text{rRMSE} = \frac{\sqrt{\frac{1}{N}\sum_{i=1}^{N}(P_f^i - P_o^i)^2}}{\text{Cap}} \times 100\% \qquad (4.10)$$

式中,N 表示样本长度,i 表示第 i 个样本,P_f^i 表示第 i 个样本的预报值,P_o^i 表示第 i 个样本的观测值,Cap 表示为开机容量。

(1)辐射订正

为了对比滚动神经网络提高的效果,进行了非滚动神经网络(BP)和滚动的神经网络订正对比(如表 4.9 所示),经数据分析发现,该电站的环境观测仪因常年没有进行维护,导致辐射观测误差很大,预报与辐射观测的 MAPE 误差较大,但除 8 月外,其他月份相关性较好,事实上,这种现象在大多数光伏电站具有普遍性,但其订正后的结果代入 4.2 节的功率预报神经网络中具有较好的预报准确率。

相对于数值预报来说,BP 和 R-BP 方法进行订正后的 MAPE 指标均有不同程度的下降,而 R-BP 方法则提高更多,从 5 个月未来 3 d(24 h,48 h,72 h)的订正效果来看,非滚动的MAPE 指标第 1 天、第 2 天、第 3 天分别平均提高 22.15%、30.13%、23.88%,而滚动的神经网络 MAPE 指标第 1 天、第 2 天、第 3 天分别平均提高 26.22%、34.13%、26.53%。因此,滚动的神经网络比非滚动的神经网络对辐射预报的订正效果更好。

表 4.9 辐射订正 MAPE(%)与相关系数

月份	第 1 天(24 h)				第 2 天(48 h)				第 3 天(72 h)			
	WRF	CORR	BP	R-BP	WRF	CORR	BP	R-BP	WRF	CORR	BP	R-BP
7	83.84	0.74	44.66	42.23	105.38	0.64	52.08	49.65	106.29	0.55	57.4	55.98
8	68.59	0.57	53.49	52.71	59.47	0.69	44.45	43.13	48.47	0.72	45.63	42.16
9	55.14	0.75	43.79	40.91	71.03	0.73	46.65	41.62	58.64	0.69	43.53	42.77
10	73.05	0.69	49.12	46.95	101.05	0.45	68.81	66.9	117.05	0.36	79.04	77.67
11	65.27	0.9	44.1	32.02	68.11	0.91	42.4	33.12	60.92	0.89	46.35	40.1
均值	69.18	0.73	47.03	42.96	81.01	0.68	50.88	46.88	78.27	0.64	54.39	51.74

如图 4.9 所示,通过 11 月 10 日至 11 月 15 日的辐射订正对比曲线可以发现,WRF 预报的辐射存在较大的系统误差,使用了 BP 神经网络对辐射订正后,大幅度地降低了误差,而11 月 16 日由于辐射预报峰值与实测峰值相比明显滞后,使滚动神经网络效果比非滚动神经网络效果略差。但整体看来,与非滚动的 BP 神经网络比较,滚动的 BP 神经网络具有更好的改进效果。

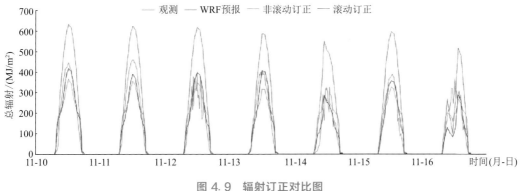

图 4.9 辐射订正对比图

（2）功率预报

采用 15 d 的电站功率实况与辐射实况数据对网络进行训练，分别使用非滚动的神经网络功率预报方法（P-FBP）和滚动的神经网络功率预报方法（P-RBP），为了进行效果比对，还进行了原理法预报方法（P-YLF），并使用 4.1.1 节中经过滚动 BP 神经网络订正的辐射数据进行功率预报，用式（4.10）对 7—11 月共 5 个月的每天 72 h 的功率预报效果进行检验，滚动神经网络预报方法的第 1 天和第 2 天功率预报结果的每月误差均小于 20%，第 3 天 7 月的误差略大于 20%（表 4.10）。图 4.10 为 11 月 6 日第 1 天（24 h）功率预报对比图。

表 4.10 功率预报 rRMSE 对比

%

月份	第 1 天（24 h）			第 2 天（48 h）			第 3 天（72 h）		
	P-YLF	P-FBP	P-RBP	P-YLF	P-FBP	P-RBP	P-YLF	P-FBP	P-RBP
7	19.74	17.86	16.25	24.72	20.29	18.73	26.02	21.89	20.92
8	21.12	19.89	18.99	19.35	18.74	16.79	18.41	18.01	17.27
9	18.90	17.59	17.13	20.78	17.16	16.19	22.31	19.41	17.85
10	20.71	14.42	13.99	25.22	17.73	17.02	29.7	19.71	18.79
11	20.36	13.69	10.24	21.9	14.35	11.51	22.29	14.89	12.15

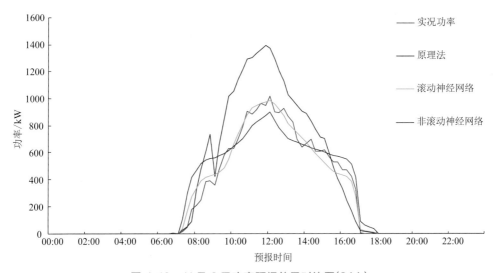

图 4.10 11 月 6 日功率预报效果对比图（24 h）

4.1.2.3 结论

本节给出了针对大多数光伏电站普遍适用的功率预报模型,在大多数光伏电站中,虽然辐射观测较实际值偏小,但如辐射观测与 WRF 预报之间的相关性较好,仍然可以通过建立辐射订正模型来进行功率预报。通过实际案例分析发现,使用滚动的 BP 神经网络对辐射预报进行订正后,再将订正结果代入 BP 神经网络对光伏电站进行短期发电功率预报,对 72 h 的预报结果分成第 1 天、第 2 天、第 3 天分别进行检验,该模型预报相对稳定,可以明显提高功率预报的准确率,而滚动的 BP 神经网络则比非滚动的 BP 神经网络改善效果更为明显。

4.1.3 集合预报算法介绍

单一数值预报模式在有些地区的站点预报准确,但在其他地区站点又预报误差很大,成为功率预报系统在全省大规模推广应用的瓶颈。

对于转折和复杂天气类型,单一数值模式预报通常准确率不够。如天气过程的提前或推后,直接影响了全月预报的准确率。由此可见,目前使用的单一来源的数值预报已无法满足目前服务工作的需要,大量研究表明,由多个预测模型组成的集合预报方法被认为是一种充分利用各模型优点的方法,因此,采用多源数值模式集合预报优于单一模式预报。

目前广泛使用的传统的集合预报方法有等权值法、按准确率加权法、熵值法等方法。随着机器学习的兴起,较传统方法,先进的机器学习方法显现出更多的优势,被越来越多的用于集合预报,常用的机器学习集合预报方法有 AdaBoost、RF(Random Forest)、BI-LSTM 等机器学习方法。AdaBoost 算法是集合算法的代表,从 AdaBoost 算法派生出的算法有很多,大部分集中在分类和回归问题上。与其他 Boosting 算法不同,AdaBoost 算法是一种迭代算法,它根据弱学习者返回的错误来调整学习模式。AdaBoost 算法的主要思想是将每次迭代产生的弱学习者结合起来,形成一个强学习分类器。

RF 算法是随机训练决策树的集合,被广泛应用于解决分类和回归问题,RF 回归模型是一种集成方法,它结合了各种不相关的回归树,减轻了每棵树的不稳定性问题。RF 的主要原理是对数据集进行随机抽样,用替换的方法生成子集,如图 4.11 所示。

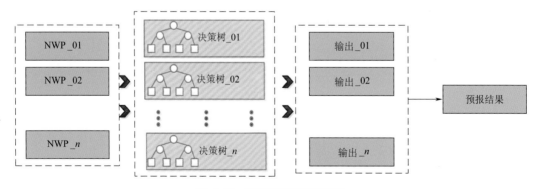

图 4.11 RF 预报算法示意图

双向 LSTM(Bi-LSTM)由两个 LSTM 组成,它考虑了过去和未来的输入特性,使用 Bi-LSTM,可以捕捉过去和未来状态的影响。一个典型的 Bi-LSTM 网络结构图如图 4.12 所示。Bi-LSTM 的计算公式如下：

$$\overrightarrow{h}_t = LSTM(x_t, \overrightarrow{h}_{t-1})$$
$$\overleftarrow{h}_t = LSTM(x_t, \overleftarrow{h}_{t-1})$$
$$h_t = \overrightarrow{h}_t + \overleftarrow{h}_t \tag{4.11}$$

式中，x_t 表示在时间步 t 的输入序列，$\overrightarrow{h}_t$ 示前向 LSTM 在时间步 t 的隐藏状态，它包含了过去的信息。$\overleftarrow{h}$ 表示后向 LSTM 在时间步 t 的隐藏状态，它包含了未来的信息。Bi-LSTM(双向长短期记忆网络)结合了前向和后向两个方向的 LSTM(长短期记忆网络)，能够有效地捕捉时间序列数据中过去和未来状态的影响。

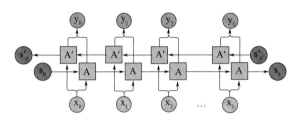

图 4.12　Bi-LSTM 神经网络结构图

这种受控存储是长短期记忆网络和门控循环单元的基础，可以缓解梯度爆炸和消失等问题。长短时记忆神经网络在时序序列数据中具有良好的性能。

机器学习集合预报与传统集合预报方法对比优选流程如图 4.13 所示。

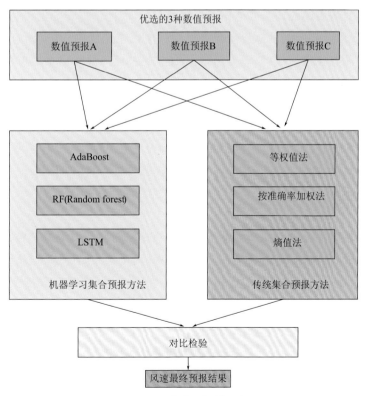

图 4.13　集合预报流程图

4.2 发电功率超短期预报方法

超短期功率预报为每隔 15 min 预报未来 15 min 至第 4 小时的发电功率,时间分辨率为 15 min。新能源发电功率超短期预测的意义在于:

(1)为电力系统开展优化调度、减少旋转备用容量、降低电力系统运营成本提供有力的技术支持;

(2)满足电网并网技术标准发展要求,确保新能源并网后电力系统运行的安全性、稳定性、可靠性及合格的电能质量;

(3)缓解电力系统高峰、调频压力,使电网在安全、高效运行的同时,从新能源场站尽可能多地接受电能;

(4)在新能源场站开展发电量预估、制定检修计划及智能运维等方面发挥重要作用;

(5)为新能源竞争电力市场份额创造有利条件,依靠新能源功率预测技术缓解其随机性、间歇性带来的不利影响,减轻与其他传统发电企业的竞争压力。

与短期预报不同,超短期可以利用邻近时次的实况发电量对未来预测电量做修正。用于预报短期发电量的机器学习法、统计学等方法也可以用于预测超短期。对于电网调度来说,超短期预测能够指导调度开展实时的电网调峰,其受到的重视程度不亚于短期预测,而且,在我国,电网对超短期的预测准确率考核更加严格,因此预报难度也相对更高。

由于风能、太阳能的发电量在很大程度上受气象因素的影响,在预测过程中,不仅要考虑预测要素的时间变化特征,也要充分考虑其他影响因素。当前建立超短期发电功率预测模型主要有两种思路,一是使用实时气象要素数据,利用统计回归、统计外推等方法在短期预测结果的基础上,建立超短期订正模型;二是将历史功率数据作为训练集,使用人工智能的方法建立超短期预测模型。

相较于风力发电,光伏发电具有周期性变化特征,且具备卫星遥感数据、全天空成像仪等多种辅助观测手段,因此二者的预报方法也具有一定的差异性。下面,将分别展开介绍。

4.2.1 光伏发电超短期功率预报

光伏发电系统的实际输出功率主要受到达电池板表面的太阳辐射量和光电转换效率的影响。在地理位置、天文季节、天气气候、空气污染等因素的共同影响下,使得太阳辐射兼具周期性和非周期性变化,导致光伏发电输出功率存在不连续和不确定性的变化特征。

例如,以下不确定性因素均会导致预测结果误差偏大。

(1)云量遮挡因素。云量具有较快的移动性,其会遮挡太阳辐射,使得到达地表的太阳辐射量降低,进而导致光伏发电量的波动性,为预报带来困难。

(2)气溶胶影响。有研究表明,气溶胶也会通过减少光伏组件表面接收的辐射量,从而影响发电量,这通常由海气中的盐分、空气中的灰尘、人为污染等造成。通过统计发现在西非某光伏电站,尘土气溶胶会降低该电站 13%～37% 的发电量。

(3)光伏组件遮挡。光伏组件的物理条件也会影响发电量,光伏组件表面的积灰和积雪会使发电量降低 2%～6%。

(4)光伏组件温度。温度是影响光伏发电效率最重要的因素之一,在标准测试温度以上,光伏组件温度每升高 1 ℃,太阳能电池的发电效率会下降 0.35%～0.5%。目前在光伏阵列实验仿真或功率预测建模中,通常采用环境温度或固定数值代替光伏组件温度,这将导致预测结果与实际发电量产生一定的偏差。

基于以上事实,目前关于光伏发电超短期的研究主要分为以下几类:第一类利用卫星遥感数据或全天空成像仪对云图数据资料进行图像处理,计算出太阳辐射后建立超短期预测模型;第二类预测的方法是利用数值天气预报,结合短期预测结果和历史实况功率,利用统计学方法进行预测;最后一类是基于人工智能的预测方法。

结合国家电网对预报时效如中长期(7 d 以上)、短期(1～7 d)和超短期(4 h)的分类,气象行业标准《太阳能光伏发电功率短期预报方法》中新增两种方法,即时间序列法和相似法。不同时间尺度的预报方法总结如图 4.14 所示,纵坐标表示各预报方法的预报时效,横坐标表示预报流程。

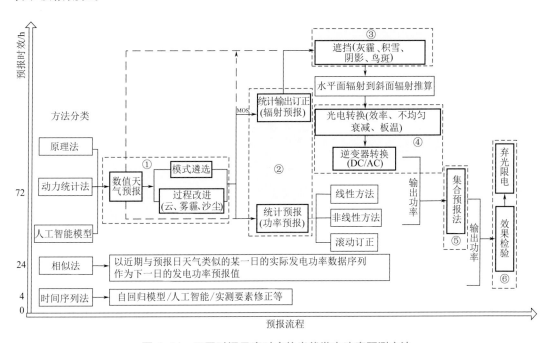

图 4.14　不同时间尺度对应的光伏发电功率预测方法

4.2.1.1　基于云图观测资料的超短期功率预测

地表太阳辐照度是影响光伏发电功率最直接的气象因子,由于太阳辐照度随季节和天气条件呈周期性和随机性变化,因此光伏发电功率也相应地具有明显的间歇性和波动性变化特征。影响太阳辐照度的因素主要有云量、气溶胶、水汽含量等。其中,对太阳辐射变化最直接的影响就是云量,其移动变化是地面太阳辐照具有不确定性的根本原因。以现有技术条件,利用物理原理和动力学原理开展云量和云的位置预报相对较难,从而导致通过此类方法开展辐射预测具有更大的难度。但是,利用相关设备和技术手段开展地基或空基云图观测,记录云的实时位置变化,并开展区域内未来数小时云量变化及云团的移动特征预测。目前,主要利用全天空成像仪或卫星遥感资料开展云量观测。

(1)全天空成像仪在超短期功率预测中的应用

①全天空成像仪简介

全天空成像仪是全天空云量的持续自动观测仪器,是一种全自动、全色彩天空成像系统,能够实时处理和显示天空云量的状态。全天空成像仪可以实现白天全天空云量的持续自动观测,具有较高的时空分辨率,得到的云量计算结果较人工目测和卫星探测结果更为精确。全天空成像仪主要由太阳跟踪装置、成像部分、环境保护系统组成。太阳跟踪装置能够计算和跟踪太阳的位置,遮挡太阳直射的入射光,避免较强的太阳直射光破坏成像部分的感光元件;成像部分通常由一款高性能的鱼眼镜头数字成像系统构成,能够定时拍摄获取全天空可见光红、绿、蓝三个波段的图像;环境保护系统是根据复杂的户外环境而设计的防雨雪装置和温控系统等。

全天空成像仪的缺点是造价高昂、图像解析算法复杂、需要定期维护和校准。在实际业务化运行中会增加光伏电站的运营成本。因此,目前尚未在业务化超短期功率预测中开展大规模应用。

②图像处理与云量反演

由于全天空成像仪的镜面上有一条遮光带,其投影位置随着太阳方位角变化,并且相机支架也在镜面上产生投影,因此拍摄的云图有两部分遮挡。而太阳附近的云量为超短期太阳辐射预报提供了至关重要的信息,为确定遮挡区域的云量,需对图像的遮挡部分进行恢复。

自然界中的可见光都是按照一定的比例混合而得到,任意一种颜色都可以用红(R)、绿(G)、蓝(B)三色混合而成,图像中的每个像素点均含有 RGB 三个亮度值,该值在一定程度上可以反映红(中心波段为 650 nm)、绿(中心波段为 570 nm)、蓝(中心波段为 450 nm)这三个波段的辐射强度。

大气、云粒子对可见光的散射原理不同:当天空为晴空时,对蓝光波段的散射远远大于对红光波段的散射,因此晴空呈现蓝色;而云粒子对可见光的散射程度在不同的波段中是相当的,因此云体呈现白色。那么,根据不同的散射原理,可以从图像信息值(RGB 值)中区分出云与天空(图 4.15)。

③云速度场与云图预报

目前,针对云团移动方向及速度的预测方法较多。比较典型的有基于 Matlab 中的粒子图像测速软件来实现。如设定图像的拍摄间隔时间、确定搜索子窗口区域的像素大小、前后两个连续图像的重叠区域以及云团在水平和垂直方向上的最大位移等参数。利用最小平方差法计算速度向量,使用滤波器除去离散向量。利用图像测速软件计算出速度矢量场,然后将观测 T 时刻云图在该速度矢量场下的移动速度输出至未来 $T+t$ 时刻,进而得到预报云图。将云团的平均速度矢量作为天空中云的整体运动速度。通过连续两幅图像中云团质心

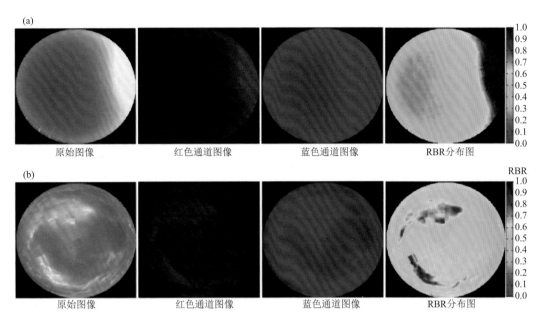

图 4.15　不同天气条件下全天空成像仪不同通道下的图像

(a)2015 年 5 月 21 日 07:36 晴天图像；(b)2015 年 5 月 25 日 15:37 阴天图像

的位置变化进而得到单个云团运动速度矢量,然后计算各云团的运动矢量平均值,并得到平均云团的运动速度,最后利用平均云团速度外推未来的云团位置及速度。

④建立云辐射衰减模型

由于天空中云的分布和比例具有差异性,造成地面接收到的太阳辐射不同。云对辐射的影响分为对太阳直接辐射的衰减和对散射辐射的改变。因此,需要分情型计算出云对总辐射衰减率,建立云辐射衰减模型。针对太阳无遮挡、被薄云遮挡以及被不透光云遮挡 3 种情况分别建立云辐射衰减模型。

总辐射衰减率 D_{GHI} 为：

$$D_{\text{GHI}} = 1 - \frac{I_{\text{real}}}{I_{\text{clear}}}\qquad(4.12)$$

式中,I_{real} 为实际水平面总辐射；I_{clear} 为晴空状态下的水平面总辐射。

晴空辐射模型为：

$$I_{\text{clear}} = c_1 I_{\text{TOA}}^2 + c_2 I_{\text{TOA}} + c_3\qquad(4.13)$$

式中,I_{TOA} 为大气层顶切平面太阳辐射；c_1、c_2、c_3 分别为统计拟合参数。

通过对太阳遮挡状态进行分类,对每一类状态所对应时刻的水平面总辐射衰减率进行平均,即可得到该遮挡状态下的云辐射衰减率。

利用地基云图观测的方式开展超短期发电功率预测的大体思路如上。在得到云遮挡下的太阳总辐射衰减模型,或反演出太阳总辐射结果后,即可使用统计学方法或机器学习方法开展超短期发电功率预测。除了以上所提到的预测思路外,有文献建立了一种分钟级的光伏发电功率数值网络预测模型,该模型可以根据流体力学方程来估算云的移动速度和增长趋势,同时该模型动态地模拟了在未来一段时间云团的移动方向,据此来计算辐射的变化量,并开展超短期光伏发电功率预测。该模型可以同时应用于并网型和离网型光伏系统,二者的预报均方根误差分别为 1.14% 和 1.36%。利用人工神经网络(ANN)开展光伏发电功率短期预测。该方法分为三个阶段:在前两个阶段分析了天空云量状况及云的类型,第三个阶段,利用径向基函数(RBF)结合云量等气象要素信息开展功率预测。结果表明,考虑了云量信息的 RBF 法的绝对平均百分比误差为 7.4%,而传统的自回归模型误差为 13.6%。

地基云图能够较好地反映光伏电站区域上空云的实时运动状态,是实现云信息实时观测和采集不可或缺的手段。地基云图具有较高的时空分辨率,因而更适用于分钟级或 1 h 以内的光伏发电功率预测。然而,该方法也具有一定的缺陷。通过地基云图的处理方式可以看出,整体云图解析过程较为烦琐,涉及多个关键环节的处理。这无疑会增加解析算法的执行时间,且在算法处理过程中易产生误差。此外,地基观测设备造价昂贵、维护成本较高。基于以上问题,目前该方法难以在工程上开展大范围的应用。

(2)卫星遥感资料在超短期功率预测中的应用

基于卫星遥感资料的预测方法。利用静止卫星遥感技术收集天空云量数据,进而开展对太阳辐射的预测。该方法利用卫星传感器实时观测地球大气系统中的电磁波辐射,包括卫星对天空环境的观测以及对地面的观测,通过对传回的高分辨率卫星图像数据进行反演进而得到云量数据信息。

相比于地基云图观测,卫星云图的获取更加方便快捷,且卫星图像可以捕捉观测点周围甚至更大范围的云团状态。因此,基于卫星图像的超短期光伏功率预测成为当前研究热点。总的来说,国外将卫星云图应用于光伏发电功率预测的相对较早,我国起步稍晚。且目前已有的方法并不成熟,仍处于探索阶段。

目前关于该方法的研究较多,主流方法是利用高时空分辨率的卫星云量观测数据,通过对目标区域内的云团进行识别、移动轨迹跟踪,进而预测未来云团的移动状态,并构建不同高度云团对光伏电站遮挡的评估模型。通过分析云层及大气对太阳辐射的吸收和折射作用,最终获得由云团移动造成的功率衰减系数。其中,有文献利用卫星资料和气象数据作为辐射预测模型的训练数据,并使用地面辐射观测资料作为目标向量。结果表明,该学习模型可以被用于其他没有辐射观测资料的光伏电站,并且效果优于未使用卫星资料的模型。利用卫星资料和数值天气预报建立卡尔曼滤波模型,通过这两种资料可以获得云团在未来 1 h 的移动情况,进而提高辐射预测准确率。

总体来说,利用云图观测的方式开展辐射预测,或将云量纳入预测变量中可以有效地提高预测准确率。但这种方法受制于云团形状和移动轨迹,通常预测时效较短,难以达到工程中预报未来 4 h 的要求。且对于卫星云图来说,目前的云图更新还很难做到 15 min 以内。即便是有卫星数据能够达到这种更新频次,由于云图数据通常较大,其传输、下载、解析等颇为耗时,预报稳定性也很难满足工程实际使用要求。

4.2.1.2 基于机器学习方法的光伏超短期功率预测

目前,有大量的机器学习方法被应用于光伏超短期发电功率预测,此类方法通过建立历史实测要素与待预测量之间的非线性关系,并对数据中的特征进行学习和挖掘,最终得到预测结果。

以一个 48 MW 的光伏电站为研究对象,开展下一小时的功率预测。利用 ANN 和遗传算法(GA)建立一种二次预测模型。该算法首先基于云量追踪的物理模型、自回归模型及 K 邻近模型开展短期发电功率预测,然后利用 GA 计算每种算法的适应度,开展模型优化,最后,利用 ANN 算法分别对以上三种经过优化的方法进行预测。结果表明,距离起报时间越久,预报误差越大,基于 K 邻近算法的误差相对最高,经过优化的自回归模型预报误差最低。

有文献提出一种基于 LSTM 方法区间预测模型。作者引入了一种预测不确定性感知的预测区间,通过基于 dropout 技术的集合方法计算出一个与预测精度相关的不确定度。利用不确定性度量和以往预测结果的相关数据,估计不确定性预测区间。结果表明,与现有方法相比,该方法的不确定性感知预测区间平均减少了 25.7%,预测区间覆盖概率减少了 4.07%。

有文献提出一种数据基于模糊时空信息的数据驱动辐射预测模型,数据驱动模型包括增强回归树、人工神经网络、支持向量机、LASSO,通过该方法模拟太阳辐射的空间依赖性。该方法可以用于没有辐射观测的光伏电站开展发电功率预测。结果表明,增强回归树的预测效果最好,未来 30 min、60 min、90 min 和 120 min 的均方根误差为 18.4%、24.3%、27.9% 和 30.6%。该模型利用周边的辐射数据来估算没有辐射观测的光伏电站辐射数据,具有一定的使用价值,因为工程中的很多光伏电站,因辐射观测仪器长期缺乏维护,导致数据质量差,甚至不可用,可以利用该方法来修正光伏电站实际辐射。但是,该方法的预报精度无法满足实际应用需求,目前我国各地区对光伏发电功率超短期的月预测考核准确率为 90% 以上。如果在该研究中能够把数值天气预报纳入输入要素,那么可以延长辐射的预测时效,更进一步提高预测准确率。

4.2.2　风电超短期功率预报

风的变化由大气状态所决定,风速的随机性波动特征会受到从大尺度的天气系统到局地地形等多种因素的制约。风电功率预测的准确性通常取决于风速预报的准确性。风速和功率的关系是动态、非线性的,这就增加了功率预测的复杂性和对风速的敏感性,风电功率预测误差还具有典型的自相关性和异方差性。此外,还有一些因素会影响发电量,在这些因素发生时,发电量和风速的相关性将会下降,也是导致功率预测准确性下降的重要因素。如,有研究表明,尾流效应也会影响风机的发电量,某风电场下风向处的前两排风机的发电量仅为装机容量的 70% 左右。在寒冷地区,冬季的风机覆冰会造成风机发电量下降 40%。风机的年损耗造成的运行效率下降也会影响发电量。通常,风机在投产前 5 年,每年的老化率为 0.2% 左右。最后,风机的停机检修等停运时段,也会影响建模效果,因此在开展风电功率预测建模之前,进行数据清洗,确保训练数据的高质量是非常重要的一步。

以上分析了风电功率与风速的关系特征以及影响功率预测准确率的主要因素。目前,国内外相关研究主要有统计回归法、机器学习法、组合预测法、分解法以及基于风机尺度和遥感观测的预测方法。

4.2.2.1　基于时间序列法的风电超短期功率预报

时间序列法通常用于处理具有时间变化性,且具有复杂特征的数据序列。这种方法直接使用历史数据来推算未来时刻的数据。该方法高度依赖于历史数据的准确性，其通过建立历史功率与气象要素（风速、气温、相对湿度、气压、风向等）的相关性，来预测未来的发电功率。典型的时间序列法包括人工神经网络算法（Artificial Neural Network，ANN），其中又包括自回归算法（Autoregressive Model，AR）、自回归移动平均算法（Autoregressive Integrated Moving Average Model，ARIMA）和滑动平均算法（Moving Average Model，MA），此外，还有卡尔曼滤波和高斯算法。

例如，利用自回归移动平均算法（ARIMA）和自回归算法（AR）建立混合预报模型。利用最近时刻的实况数据作为 ARIMA 的输入，利用来自数值天气预报的预测气象要素作为 AR 模型的输入，然后分别求得两种模型的最优权值。结果表明，使用该方法比单独使用两种模型的任一种准确率都高。

4.2.2.2　基于机器学习方法的风电超短期功率预测

机器学习方法是一种具有智能学习能力的统计方法。机器学习方法通过一系列的学习规则建立模型输入和输出的关系模型，并利用该模型预测未来的功率输出。早期的机器学习方法包括支持向量机（Support Vector Machine，SVM）、随机森林、BP 神经网络等。大量学者将深度学习方法应用到功率预报领域。深度学习方法能够通过大量历史数据挖掘到各变量与预报要素之间的特征，进而对特征进行不断学习和训练。深度学习的这种特性能够充分发掘具有波动性变化特征的预报向量，因此备受青睐。典型的深度学习方法包括长短记忆神经网络（Long Short Term Memory，LSTM）、循环神经网络（Recurrent Neural Network，RNN）、卷积神经网络（Convolutional Neural Network，CNN）、时域卷积网络（Time Convolutional Network，TCN）等。

例如，使用图神经网络学习邻近风电场中风速和风向中的特征信号，充分利用了各风电场与目标风电场的时空特征关系建立结点结构图。在每个结点，利用 LSTM 来提取时空特征。利用提取到的风速序列来驱动该图卷积深度神经网络架构。该模型能够获取每一个风电场的风能空间特征及深度时间特征。结果表明，该模型的预测准确率优于传统的单一机器学习法。该方法适用于风电场群，能够通过图神经网络建立各风电场上下风向处的风能信息关系和影响。

用人工智能方法和自回归模型作对比，发现当预报步长为 10 min 时，自适应神经模糊推理系统（Adaptive-Network-based Fuzzy Inference System，ANFIS）和 ANN 均优于自回归移动平均（ARMA）；但是，ARMA 在时间步长为 1 h 的预测中效果更好。

4.2.2.3　基于分解法的风电超短期功率预测

分解法基于风速或功率序列中所包含的不同特征频率信号，根据不同的频率将信号分解为高频和低频，再对分解后的每个序列分别建模，从而提高预测效果。例如，使用 LSTM 方法来处理低频信号，通过学习历史数据中的特征集，来获得序列更长期的变化趋势；使用 Elman 神经网络方法来处理更高频信号，最终得到高低频信号的预测结果。在与其他 11 种混合模型的对比中，所提出的方法的预测准确率最高。

经验模态分解法（EMD）是比较常用的分解法，该方法基于数据驱动的形式，将原始时间序列分解为若干个本征模态函数（IMFs），每个本征模态函数都具有时变频率。因此，适用于处理非线性和非平稳的数据。

除了分别使用不同的方法来处理高、低频信号外，也可以用同一种方法处理所有的分解信号。例如，使用排列熵对相似的本征模态函数进行分组。然后使用支持向量机分别对每个分组进行预测，其性能优于没有做信号分解的方法，以及做了分解但不使用排列熵的方法。

除了使用经验模态分解法外，小波分解法和变分模态分解法也可以用于时间序列信号的频率分解。如，采用小波分解法将一个时间序列分解为多个具有不同典型频率的信号。此外，有研究表明，进一步分解序列中的最高频率可以改善预测结果。变分模态分解（VMD）是另一种信号分解技术。其特点是能够约束每一个分解信号频率的带宽。如，发现使用 VMD 分解时间序列信号的预测效果要优于 EMD 法。

4.2.2.4　基于风机尺度和遥感观测的预测方法

风电场通常由几十甚至上百台风机组成，风速经过风电场时，部分动能会转化为电能，因此通过风电场的风速会发生变化。有研究表明，如果风电场分布在足够大的区域，位于上风向的风机可以提前观测到风速的变化，并利用这种变化趋势为整个风电场提供超短期功率预测。此外，还可以利用遥感资料观测风电场上风向的风速，并为超短期的预报提供有价值的信息。

例如，有文献提出一种使用邻近风机的时间序列方法。通过灰色关联分析筛选出合适的输入预测变量，利用支持向量机模型和布谷鸟算法搜索最优参数。结果表明，相比于持续法、ARIMA 和其他 SVM 模型，该方法能够提高预测准确率。但是，由于该模型没有考虑风向变化关系，这就使得风速的递减趋势缺乏判断依据，在实际应用中，可能会出现算法稳定性差的问题。

有文献提出了一种基于时空高斯过程的方法来预测未来 1～12 h 风机范围和风电场范围的发电量。将风电场内的风速分解为两个独立的随机过程项组合。第一项通过学习复杂的时空结构，利用轮毂高度处的数据重构和外推未来的风速。第二项代表未知的具有时空独立性的高频高波动性的风电序列。通过将这两项进行耦合，对每台风机开展风速概率预测，然后通过风功率曲线转化为对应的发电量。通过对某风电场多年的历史功率数据集进行验证，结果表明，该方法的预测准确率比传统的预测方法（如基于自回归的模型和高斯过程）提高了 7%～9%。

综上所述，风电和光伏发电功率超短期预测技术相较于短期，更侧重于研究造成其波动的根本性问题研究。但是，由于影响因素过多，难以将所有因素都考虑到位。此外，由于单台风机在整个风电场中的发电量预测不具有代表性，且风向预测较难，因此基于风机尺度和遥感观测的功率预测方法在实际工程中不具有可操作性。综合目前已有的研究方法来看，机器学习方法在复杂条件下的预报效果普遍优于回归法，因为其能够通过大量的历史资料，学习到风电的功率变化特征，这其中，也将风机老化、风机尾流、复杂地形和气候等因素纳入了学习过程中。此外，基于分解法的高低频思路也具有可参考性。但是，一个算法模型涉及的混合模型越多，其稳健性、可移植性和适应性就会有所降低。

4.3 新能源发电功率预测系统

国内外在新能源发电功率预测预报系统方面做了大量有意义的工作。由于我国风力发电行业迅猛发展,因此,研制开发风电功率预测预报系统具有十分重要的意义。目前,国内风电功率预测预报系统正处于一个不断更新和完善的阶段。新能源发电功率预报系统既考虑了预报模型的多样性,也考虑了系统的实用性和通用性。在系统中,短期预报采用了物理法、动力统计法、持续法等共6种方法;超短期预报则采用了实时订正法、统计外推法、持续法等4种方法。系统既可以自动预报,也可以采用人工的方法进行预报。针对各风电场不同数据环境和条件,系统可采用不同的预报方法,从而使系统能在大多数的风电场部署应用。

4.3.1 系统典型预报理论基础

4.3.1.1 物理模型

根据数值天气预报(NWP)预测风速、风向、温度、湿度、气压等天气数据,通过推算得到风机轮毂高度处风速、风向、温度、湿度、气压等数据,然后代入功率曲线得到风电场的预测输出功率,物理方法预测流程如图4.16所示。为了减小因NWP预测误差带来的输出功率误差,通过风电场一年左右的历史数据对NWP模型进行订正,然后代入功率曲线,可以减小风电功率预测的均方根误差。

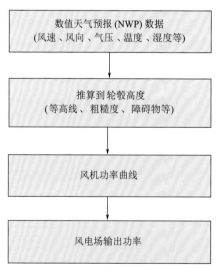

图 4.16 物理方法预测流程图

4.3.1.2 人工神经网络(ANN)模型

机器学习方法被广泛研究和应用于短期风力预测,例如支持向量机(SVM)、随机森林

(RF)等,以及基于混合核最小二乘支持向量机的时间序列模型,基于随机森林的一小时前风力预测模型。

人工神经网络(ANN)模型依据历史数据,通过训练过程学习、抽取和逼近隐含的输入输出之间的非线性关系,表现出了比物理法更好的预测性能。它一般由数层网络构成,通常包括输入层、输出层及隐含层。随着人工智能技术的发展,具有强大非线性复杂映射能力的深度学习模型变得越来越受欢迎,比如深度置信网络(DBN)。一种基于双向循环神经网络(RNN)的编码器-解码器方案,用于学习高维多变量时间序列的高效和鲁棒的嵌入。一种基于参数正弦激活函数(PSAF)的堆叠循环神经网络(SRNN)用于风力预测,并结合了卷积神经网络(CNN)和长短期记忆(LSTM)。人们还使用了遗传算法对模型进行优化。应用二次模态分解和级联深度学习方法进行超短期风力预测,以及使用一维卷积神经网络(CNN)和双向短期记忆(BLSTM)网络来预测不同高度的短期风速。一些研究者还探索了基于三维卷积神经网络(3D-CNNs)的特征提取方案。

为了利用每种模型预测方法的优势,一些混合模型方法被提出。如 Laguerre 神经网络,通过对立转换状态转换算法进行优化来构建混合预测模型。结合了粒子群优化算法和遗传算法的人工神经网络模型也被提出。

然而,这些统计和机器学习方法是数据驱动的,并受到训练集数据质量的限制,所以很难进一步提高预测准确性。从风电场收集的数据量很大,但其中可能存在冗余。大多数之前的研究都忽略了这个问题。自编码器用于发现更抽象、高层次的隐藏特征。通过使用稀疏特征,降低原始数据的维度,并保留代表性信息,以提高算法的鲁棒性和预测准确性。

基于上述考虑,我们提出了一种基于离散小波变换、稀疏特征提取和双向深度学习的深度学习日前风电功率预测模型,该模型在以下几个方面进行了创新:

① 根据风电功率预测的特点,首先提出了一种名为 DWT_AE_BiLSTM 的深度学习框架;

② 通过离散小波变换技术,将非平稳的原始数据分解为多个子序列,对原始数据进行滤波和去噪处理;

③ 使用自编码器提取高度非线性的特征数据,然后将提取的隐藏特征数据输入到 BiL-STM 框架中进行功率生成预测。

(1)离散小波变换

小波变换广泛应用于图像处理、模式识别、信号去噪等领域。它可以从实际信号中去除噪声。作为信号去噪的主要技术之一,小波变换极大地提高了时间序列预测模型的准确性。它将输入信号分解为多个低频和高频分量。小波变换包括两种类型:连续小波变换(CWT)和离散小波变换(DWT)。连续小波变换的定义如下:

$$\text{CWT}_f(u,s) = \ <f(t), \psi_{u,s}(t)> \ = \int_{-\infty}^{+\infty} f(t) \frac{1}{\sqrt{s}} \psi^* \left(\frac{t-u}{s}\right) \mathrm{d}t \tag{4.14}$$

式中,u、s、$\psi(t)$、ψ^* 和 $*$ 分别表示平移因子、尺度因子、实信号、母小波和复共轭。

离散小波变换是 Mallat 于 1988 年提出的一种算法,广泛应用于信号分解。它降低了计

算复杂性,提高了数据压缩能力,并有效避免了连续小波变换引起的信息冗余。离散小波变换的定义如下:

$$DWT(j,k) = 2^{-\frac{j}{2}} \sum_{i=0}^{L-1} W(t) \psi^* (\frac{t-k \cdot 2^j}{2^j})$$ (4.15)

式中,L 代表输入信号 $W(t)$ 的长度,j 代表缩放因子,k 代表平移因子,ψ^* 代表母小波。离散小波分解是一种多尺度分析工具,用于揭示风电数据信号隐藏的特征。由于风速的非平稳性、波动性和时序性导致风机的输出功率具有不稳定性。采用离散小波变换对原始风电数据分解为低频分量和高频分量,利用时间尺度函数对数据进行分析,使小波变换具有多尺度分辨率和时移特性。缩放操作可以观察不同尺度上的信号。风电数据的低频分量和高频分量对其特性的贡献是不同的,低频信号包含原始信号的特征,而信号的特征则存储在高频分量中。一个典型的小波变换的三级分解过程如图 4.17 所示。

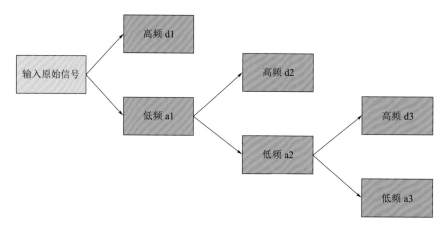

图 4.17　离散小波分解图

(2)自动编码

自动编码(AutoEncoder,简称 AE)由输入层、编码层和解码层组成,其网络结构如图 4.18 所示,采用无监督学习的方式对风电数据进行高维特征提取和特征表示。更具体地说,自动编码器(AE)通过最小化 AE 原始输入和输出之间的重构误差来寻找一组最优的连接权值。输入向量 $x \in R^d$ 通过编码器 g 输入到隐藏层产生一个潜在抽象特征映射 $z \in R^d$。然后,解码器 f 将潜在变量 z 映射到与 x 大小相同的重构输出向量 $\hat{x}$。解码过程只利用隐藏层中的潜在信息来再现输入,这表明潜在变量已经保留了输入的大量信息。由编码器和解码器定义的非线性变换可以看作是一种高级的特征提取器,能够保持输入中隐藏的抽象和不变的结构。

(3)双向 LSTM(Bi-LSTM)

LSTM 是一种深度学习的时间序列预测学习框架,它于 1997 年首次被提出。LSTM 有效地解决了循环神经网络的梯度爆炸和消失问题。这种神经网络可以很好地捕捉具有时间依赖的数据之间的关系。然而,传统的 LSTM 仅能捕捉过去的上下文关系。双向 LSTM(BiLSTM)可以更好地捕获过去和未来的上下文依赖。它可以利用前向和后向隐藏层同时

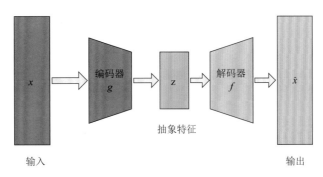

图 4.18　AutoEncoder 结构图

从两个方向捕获数据之间的关系。

（4）算法结构设计

在本节中，我们提出的 DWT_AE_BiLSTM 深度学习算法框架如图 4.19 所示，包括三个模块：数据处理和去噪模块、特征提取模块和预测模块。其实现细节描述如下。

①数据处理和去噪模块：首先，对风电场的缺失数据进行插值和校正。然后，利用离散小波变换技术将非平稳风电时间序列数据分解为低频分量和高频分量。这些成分表现出更大程度的平稳性，并且可以更容易地进行预测。输入数据主要包括风塔观测数据、风电场总有功功率和数值天气预报数据。风塔观测数据和 NWP 数据包括 12 个气象要素，即 10 m、30 m、50 m 和 70 m 高度的风速和风向，以及涡轮机轮毂、温度、湿度和压力。所有数据时间分辨率均为 15 min。

②特征提取模块：基于步骤①，除了电站的实际功率外，总共有 13 个要素。每个要素按时间逻辑顺序取五个元素，形成一个 65 维向量，该向量被输入到自动编码器中。通过对自动编码器的训练，将特征压缩为 30 维向量。

③预测模块：将步骤②中的压缩特征输入到双向 LSTM 中，以预测风电场与 NWP 相结合的短期发电量。使用双向、两层堆叠的 LSTM。我们采用 Adam 优化方法进行训练。使用网格搜索方法确定每个超参数，并从验证集中获得模型参数的最优配置。最终最优参数学习率 Learning Rate＝1×10^{-3}，批大小 Batch＝128。本研究中使用的数据集包括 2018 年的数据。该数据集被分为训练集和验证集，分别由 70% 和 30% 的数据组成。为了评估该模型的预测性能，我们精心挑选了 2019 年四个有代表性的月份的数据，与预测结果进行比较。结果如图 4.20 所示，图 4.20 显示了 1 号风电场的训练和验证集各自的损失。

（5）对比试验

为了使实验更具代表性，每个风电场选择了一年中四个典型的月份，即实时风电场功率输出数据、风塔测量和数值天气预报。两个相邻数据点之间的时间间隔为 15 min。风电数据的单位为 MW。三个风电场分别位于随州（1 号风电场，装机容量为 110 MW）、黄冈（2 号风电场，总装机容量为 220 MW）和利川（4 号风电场，装机容量为 126.3 MW）。这些风电场分别位于不同的海拔高度和具有不同的地形特征。

使用四个评价指标来评价预测模型的性能。归一化均方根误差（PA）、平均绝对误差（MAE）和平均绝对百分比误差（MAPE）。这些指标被广泛用于评估风电预测模型的性能。

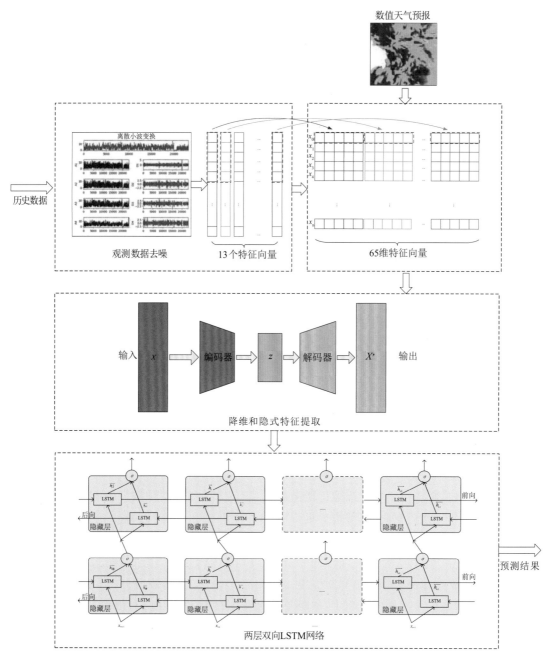

图 4.19 DWT_AE_BiLSTM 深度学习算法框架的流程图
数值天气预报(NWP)和历史观测数据作为输入数据,离散小波变换(DWT)用于对
数据进行去噪,自动编码器(AE)用于特征提取,Bi-LSTM 用于预测

预测精度(PA)和性能评估指标分别由式(4.16)—(4.19)计算。

$$\mathrm{NRMSE} = \frac{1}{\mathrm{Cap}} \sqrt{\frac{1}{N} \sum (P_f^i - P_o^i)^2} \qquad (4.16)$$

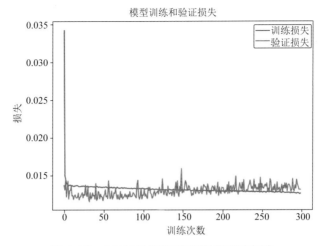

图 4.20　1 号风电场的验证集和训练集损失

$$MAE = \frac{\sum_{i=1}^{N} |P_f^i - P_o^i|}{N} \qquad (4.17)$$

$$MAPE = \frac{\sum_{i=1}^{N} |P_f^i - P_o^i|}{N} / Cap \times 100\% \qquad (4.18)$$

$$PA = (1 - NRMSE) \times 100\% \qquad (4.19)$$

为了验证所提出的模型的性能,在三个风电场进行了实验。为了验证所提出模型的有效性,我们将 DWT_AE_BiLSTM 模型与三个模型进行了比较:无 DWT 的自动编码器和双向长短期记忆(AE_BiLSTM)、长短期记忆和传统反向传播(BP)。

表 4.11 显示了 1 号风电场中各模型的预测性能。DWT_AE_BiLSTM 模型在所有月份都表现出最高的预测准确率(PA),与 2 月的 BP 算法相比增加了 6.45%,到 10 月,所有月份的预测准确度最高达到 90.69%。DWT_AE_BiLSTM 模型在 1 月、4 月、7 月和 10 月分别比 BP 算法高 6.45%、3.59%、1.7% 和 3.7%,平均增长 3.86%,而 MAE 分别下降 4.41 MW、3.79 MW、4.88 MW 和 6.62 MW。BP 模型预测在 2352—2535 和 1259—1342 时间段的准确性较低,而在 961—1002 和 1387—1482 时间段显示出更高的准确性,如图 4.21 所示。

表 4.11　1 号风电场各预测算法的性能评估

月份	算法	PA/%	MAE/MW	MAPE/%
1	DWT_AE_BiLSTM	84.69	12.03	10.94
	AE_BiLSTM	83.40	13.10	11.91
	LSTM	82.08	14.25	12.95
	BP	78.24	17.48	15.89
4	DWT_AE_BiLSTM	82.36	13.58	12.35
	AE_BiLSTM	81.33	15.73	14.30
	LSTM	79.04	16.33	14.85
	BP	78.77	16.93	15.39

月份	算法	PA/%	MAE/MW	MAPE/%
7	DWT_AE_BiLSTM	83.63	11.65	12.41
	AE_BiLSTM	82.68	12.39	11.26
	LSTM	82.10	12.57	11.43
	BP	81.93	12.60	11.45
10	DWT_AE_BiLSTM	90.69	6.34	5.76
	AE_BiLSTM	89.76	7.14	6.49
	LSTM	88.30	9.05	8.23
	BP	86.99	10.02	9.11

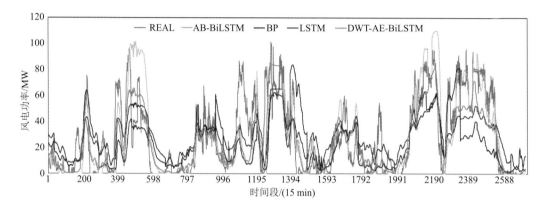

图 4.21 2019 年 4 月在 1 号风电场不同风电短期预测模型的比较

表 4.12 显示了 2 号风电场中每个模型的预测性能的比较。DWT_AE_BiLSTM 模型在 1 月显示出最高的 PA(84.75%),在 4 月显示出最低的 PA(82.65%)。如图 4.22 所示,4 月,BP 和 LSTM 的预测精度相似,而 BiLSTM 的 PA 比 LSTM 高 1.26%,DWT_AE_BiL-STM 比 AE_BiLSTM 高 0.94%。在所有月份中,DWT_AE_BiLSTM 模型在 1 月、4 月、7 月和 10 月分别比 BP 算法高 5.3%、2.3%、1.16% 和 4.1%,4 个月平均高 3.22%。

表 4.12 2 号风电场中每种预测算法的性能评估

月份	算法	PA/%	MAE/MW	MAPE/%
1	DWT_AE_BiLSTM	84.75	29.27	13.30
	AE_BiLSTM	81.42	30.41	13.82
	LSTM	80.30	31.51	14.32
	BP	79.45	33.19	15.09
4	DWT_AE_BiLSTM	82.65	30.31	13.78
	AE_BiLSTM	81.71	33.94	15.43
	LSTM	80.45	34.23	15.56
	BP	80.35	34.47	15.67

续表

月份	算法	PA/%	MAE/MW	MAPE/%
7	DWT_AE_BiLSTM	84.11	28.17	12.80
	AE_BiLSTM	83.65	29.36	13.35
	LSTM	83.23	30.38	13.81
	BP	82.95	32.42	14.74
10	DWT_AE_BiLSTM	84.35	28.18	12.81
	AE_BiLSTM	81.57	29.49	13.40
	LSTM	81.31	32.07	14.58
	BP	80.25	34.94	15.88

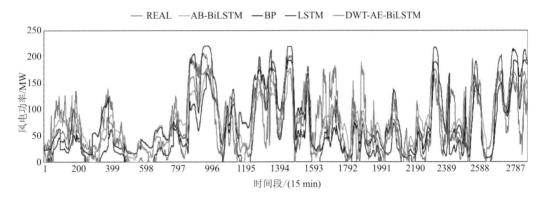

图 4.22　2019 年 4 月 2 号风电场不同风电短期预测模型的比较

图 4.23 显示,在 3 号风电场的 4 月预测中,1 月、4 月、7 月和 10 月,所提出的模型 DWT _AE_BiLSTM 分别比 BP 算法高 2.58%、2.67%、3.55% 和 4.93%,4 个月平均高 3.42%。在 471—511、559—563 和 1538—1662 个时间段内,BP 预测模型显著高于实际结果,BiLSTM 的 PA 比 LSTM 高 0.49%,这也证明了使用自动编码器特征提取可以提高预测精度。采用离散小波变换去噪后,进一步提高了预测精度。

表 4.13　3 号风电场中每种预测算法的性能评估

月份	算法	PA/%	MAE/MW	MAPE/%
1	DWT_AE_BiLSTM	82.23	15.17	12.01
	AE_BiLSTM	81.47	15.53	12.30
	LSTM	81.02	18.81	14.89
	BP	79.65	19.58	15.50
4	DWT_AE_BiLSTM	82.12	16.86	13.35
	AE_BiLSTM	81.59	17.10	13.54
	LSTM	81.10	19.38	15.34
	BP	79.42	20.65	16.35

续表

月份	算法	PA/%	MAE/MW	MAPE/%
7	DWT_AE_BiLSTM	82.00	16.37	12.96
	AE_BiLSTM	81.48	17.30	13.70
	LSTM	79.47	18.91	14.97
	BP	78.45	21.25	16.83
10	DWT_AE_BiLSTM	88.66	8.27	6.55
	AE_BiLSTM	87.65	10.07	7.97
	LSTM	84.12	14.03	11.11
	BP	83.73	14.89	11.79

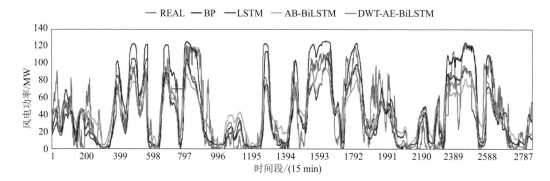

图 4.23　2019 年 4 月 3 号风电场不同风电短期预测模型的比较

此外,表 4.11—表 4.13 和图 4.21—图 4.23 详细描述了每个模型在所有评估指标上的性能。在所有模型中,DWT_AE_BiLSTM 模型在 PA、MAE 和 MAPE 方面具有最好的预测精度。在所有性能指标中,BP 模型的预测精度最低。显然,通过对三个风电场短期预测的比较分析,基于深度学习框架 LSTM、AE_LSTM 和 DWT_AE_BiLSTM 的预测算法比传统的神经网络预测算法 BP 具有更好的预测效果。

总之,可以清楚地看出,所提出的模型 DWT_AE_BiLSTM 在三个不同的风电场中显示出最佳的预测能力。BP 预测算法的性能极不稳定,波动较大。所提出的预测算法显示出比其他算法更好的预测性能。所有的深度学习模型都比传统的神经网络具有更好的预测性能。使用 LSTM 和自动编码器进行特征提取的预测模型比 LSTM 模型更好。Bi-LSTM 优于 LSTM。实验表明,离散小波变换可以有效地去除风电预测中的非平稳噪声数据,而自动编码器可以捕捉到更抽象、更隐蔽的非线性特征。所提出的 DWT_AE_BiLSTM 算法模型在所有情况下都具有良好的通用性和泛化能力。

4.3.2　单站预报系统设计

系统的开发和设计是基于中国气象局华中区域气象中心科技发展基金项目、国家能源局《风电场功率预测预报管理暂行办法》(国能新能〔2011〕177 号)及国家电网公司《风电功率预测系统功能规范》(国家电网调〔2010〕201 号)两个文件要求的基础上进行的,系统共分为 9 个功能模块,分别为功率预报查询、风场要素查询、气象预报查询、考核指标查询、运行维护计划、人工预报订正、系统监控管理、系统参数管理及用户权限管理。系统采用 C/S 结构,在 Windows Server 2008 R2 操作系统上的 .NET3.5 框架环境下进行系统开发,SQL SERVER2008 作为整个系统的数据支撑。

4.3.2.1 系统架构

新能源电站发电功率预报系统运行于新能源电场,通过 Internet 或专线方式获取气象部门的数值天气预报数据、如风电场的测风塔和光伏电站的自动站气象观测数据、实时运行信息及电网下达的限电调度指令对发电功率进行预报,将预报结果存储到数据库服务器上,并实时将预报结果采用国家电网 E 格式上传到电网安全 II/III 区。以下以风电场为例介绍新能源发电功率预报系统,风电功率预报系统网络结构如图 4.24 所示。

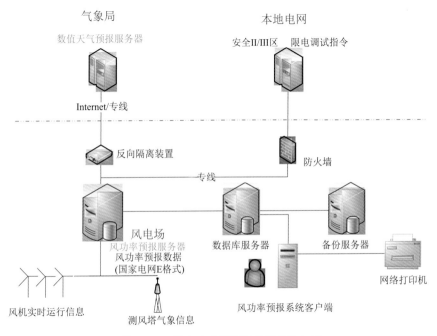

图 4.24 风电功率预报系统网络结构图

4.3.2.2 数据采集与上报

系统将通信服务单独设置为一个子系统,该子系统除了实时数据的通信与采集外还提供了短期预报和超短期预报的自动定时运行模块,该模块将自动生成未来 72 h 的短期预报和未来 4 h 的超短期预报,时间分辨率均为 15 min。

对于数值天气预报数据、测风塔数据均可选用 FTP、HTTP、Server-Client 三种方式进行通信。不同的通信方式提供不同的参数设置界面,系统内置了常见的通用数据格式,也可根据实际需要进行数据格式的订制。

目前大多数风电场的实时数据的获取主要采用 ModBus TCP/IP 和 OPC 通信协议,系统内置了这两种协议获取风电场的实时数据,通过配置 IP 地址和数据节点地址即可获取数据,极大的方便系统在终端的部署。风电场端上报至电网调度中心的数据采用电力行业标准 DL/T IEC60870-5-102 扩展规约实现,使用了 Windows SOCKET 编程技术,数据上报界面如图 4.25 所示。

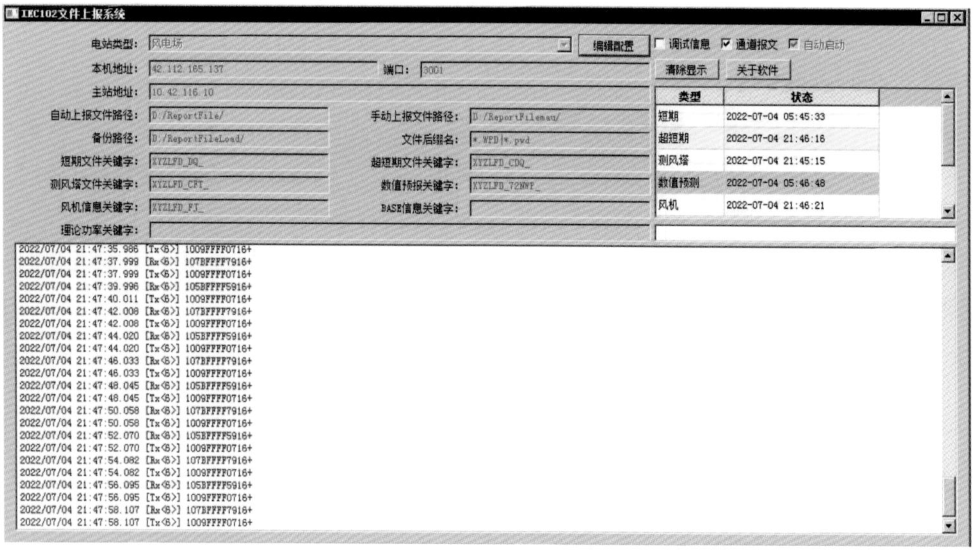

图 4.25　数据上报服务

4.3.2.3　风电功率预报流程

本软件系统为风电场每天提供未来 3 d 的短期风电功率预报,每 15 min 提供一次未来 4 h 的超短期风电功率预报,可为风电场并网发电提供技术保障,能够充分满足国家能源局及国家电网相关文件的规定。

系统提供 6 种短期预报算法及 4 种超短期预算法。预报算法考虑了各种可能情况,如风电场在历史风电功率数据、历史数值模拟天气预报或历史风电场测风数据不完整或缺乏的情况下,预报算法模型的建立和计算方法的研究;如实时数值天气预报缺测情况下的预报等情况。使得系统能够在历史和实时数据非常少的情况下仍然能提供风电功率预报服务。

为了使短期和超短期预报更加精准,不同地域的风电场可通过系统开放的预报算法配置接口对预报算法进行配置,风电场可选择预报最精准的预报方法业务运行。对于各种风速、功率曲线,预报误差、准确率和合格率及上报率,用户可以简单直观地查询和输出。

短期风电功率预测为未来 3 d 内的风电输出功率预测,按照预测方法及适应条件的不同分为原理法、动力统计法和持续法,共细分为 6 种方法,基本涵盖风电场风电功率预报可能遇到的各种情况。

超短期风电功率预测为未来 4 h 的风电输出功率预测,时间分辨率为 15 min。按照预测方法及适应条件的不同分为基于短期预测功率的实时订正、统计外推 3 种方法。

4.3.3　单站预报系统应用

目前系统已在国内近 80 多家新能源电站投入业务化使用,从系统正式运行以来的效果来看,系统每日接收数据及时准确,系统运行稳定可靠。通过对预报效果进行分析检验,短期预报效果 9—12 月的准确率在 80％ 以上,如图 4.26 所示。超短期预报 2 个风电场 15～90 min 以内的风功率预报与实况相关系数在 0.89 以上,均方根误差在 15％ 以下,如图 4.27 所示。系统短期预报结果和超短期预报结果的准确率、合格率和上报率能够较好满足国家能源局和国家电网的文件要求。

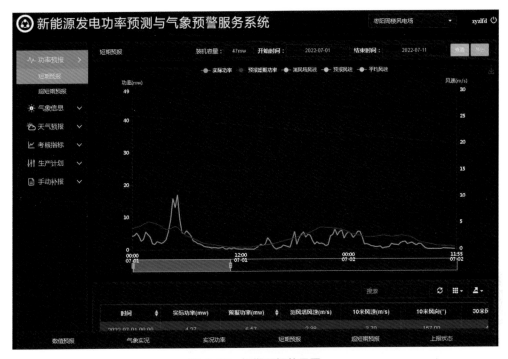

图 4.26　短期预报效果图

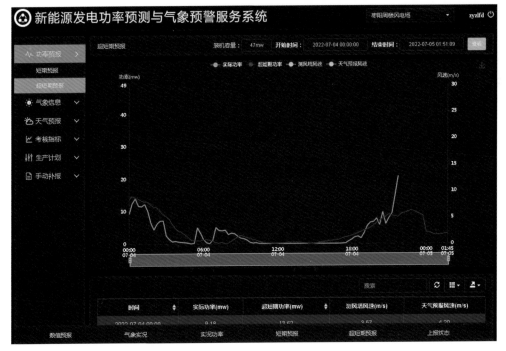

图 4.27　超短期预报效果图

4.3.4 网省级新能源发电功率预测系统

随着新能源电站并网规模和数量不断增长,通过使用网省级新能源发电功率预测可以为新能源公司和电网公司电力调度中心提供网省级新能源发电功率预测服务,新能源发电功率集中式预测系统既可以分单站预报,也可以预报多个场站,然后再进行预报结果总加。

4.3.4.1 系统结构

通过 VPN 专线将气象内网 DMZ 区(安全隔离区)将数值预报经反向隔离传入调度中心安全 III 区,预报服务器部署在调度端,所有预报计算在调度中心进行,新能源电站的实况数据,包括逐 15 min 功率实时数据、逐 15 min 测风塔数据和环境观测仪数据以及逐 15 min "数据转发"到数据库服务器,负荷数据通过正向隔离传输到气象服务中心,便于模型的修正,以黄冈电力调度中心网省级预报系统为例,如图 4.28 所示。

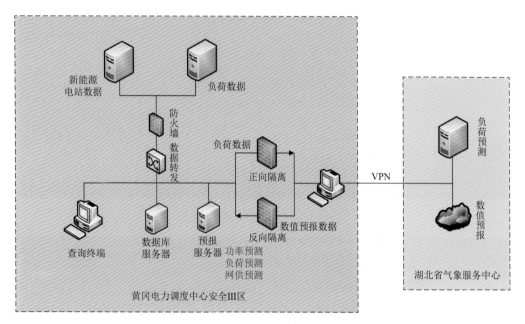

图 4.28 网省级预报系统网络结构图

4.3.4.2 应用案例

为国家电网黄冈电力调度中心研发了网省级新能源发电功率预测,系统除了可以对黄冈地区 46 个风电和光伏电站进行区域级短期发电功率预测和区域级超短期发电功率预测,还可以进行用电负荷预测以及网供预测,如图 4.29 所示。

为湖北能源集团新能源发展有限公司研发了区域级发电功率预测及气象灾害系统,系统可以对该公司全湖北省所有场站进行发电功率预报,还可以不定期推送气象灾害预警信息,如图 4.30 所示。

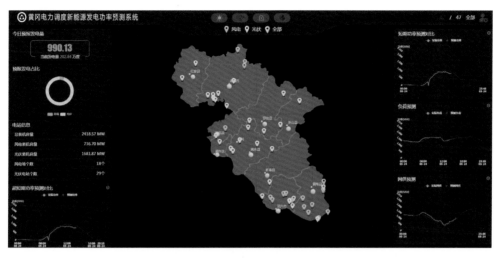

图 4.29　黄冈电力调度中心新能源发电功率预测界面

图 4.30　湖北能源集团新能源发展有限公司区域级发电功率预报系统

第5章
风电场光伏电站气象灾害区划和预警服务

5.1　湖北省风电场光伏电站主要气象灾害及对策

随着各地投入运营的光伏电站大幅增多,暴雨洪涝、暴雪、雷电、大风、台风、沙尘暴、冰雹、(高温、雷电引发的)火灾等气象灾害引发的电站灾损事件层出不穷。下面仅从媒体报道摘录如下案例。

2012年8月,新疆吐鲁番某光伏电站遭受强沙尘暴袭击,致使电站运营一度停止,300多块电池板被砸坏。

2015年10月4日,台风"彩虹"在湛江登陆,使湛江市的园林、电网、电厂、供水、通信等遭受巨大损失,光伏阵列也遭到严重破坏。

2016年7月,强降水及外洪内涝导致湖北麻城2个大型光伏电站大面积被淹,逆变器、汇流箱、箱变、光伏组件、桩基础及土建设施等项目大范围受损。

2017年6月,江西九江一个150 MW光伏电站刚刚建好,还未来得及上保险,就被连日来的暴雨加洪水几近损毁,损失巨大。

2018年5月16日,福建三明明溪县龙湖村100 kW光伏发电站的太阳能板、钢架等各种设施被洪水全部冲毁。

2018年8月15日,山东东营一座92 MW的光伏电站遭遇强对流大风,暴风过后,占地2600亩①的发电场一片狼藉,光伏板破损13万片,大面积钢结构支架扭曲变形。

2019年3月,我国北方某光伏电站发生严重火灾,现场火舌肆虐、浓烟滚滚,事故原因估计与风干物燥、附近村民清明上坟烧纸等有关。

2019年8月,美国零售巨头沃尔玛在对特斯拉提起的诉讼中称,由特斯拉负责在沃尔玛240家门店屋顶安装和运营的太阳能系统,截至2018年11月,至少有7家门店的太阳能电池板发生火灾,仅2018年的3—5月短短3个月期间就发生了3起门店太阳能系统火灾事故。

2019年9月9日凌晨,强台风"法茜"袭击了日本首都东京及周边地区,位于千叶县的日本国内最大太阳能发电站遭到破坏,此外,强台风导致覆盖在水面上的太阳能电池板移位,使部分电池板变形起火。

2020年7月,强降水引发洪涝,导致我国多地光伏电站受灾,普通地面光伏电站和渔光互补型光伏电站受灾尤其严重,几乎变成了一片"光伏海"。其中安徽省庐江县白湖镇胜利圩种养殖基地20 MW光伏电站被洪水淹没、梅山村养殖基地20 MW光伏电站部分受灾;江西上饶某光伏领跑者基地几乎全部泡水,损失惨重;安徽旌德县云乐镇洪村村120 kW光伏扶贫电站,周围出现大面积塌方,严重威胁电站安全……此类事例,不胜枚举。

我国光伏电站逐渐由北部向中东南部转移,湖北省光伏电站建设发展迅速,每年新装规

---

① 1亩=666.67 m²。

模及投运总量均远超风电。截至 2021 年 6 月,湖北光伏装机规模将达到 10 GW。2020 年 1—11 月,湖北地面光伏电站备案规模已超 20 GW,从备案规模看,各企业更倾向规模大的项目,绝大多数项目位于平原地区、单体规模在 100 MW 以上。光伏电站规模越大,占地范围就越广,暴露在外的电气部件、机械装置等越多,对灾害性天气就越敏感。湖北省光伏电站建设及维护运营过程中也逐渐暴露出一些问题,前面所列麻城案例就发生在湖北境内。

受亚热带季风和复杂地形的共同影响,湖北省气候条件复杂多样,导致气象灾害种类多、频次高、危害重。从湖北省 20 MW 及以上容量的光伏电站受灾案例分析,影响湖北省光伏发电工程的气象灾害主要有暴雨洪涝、雷电、大风、雨雪冰冻、高温等,其中降水时空分布不均造成的暴雨洪涝危害最大,一旦选址不当或防洪措施不力,就会造成不可挽回的损失。据了解,被洪水浸泡过的太阳能光伏电站,除了部分光伏组件还能挽救,其他电气设备基本报废,25 a 的经济收益因选址风险控制不力及预防性设计欠缺,就会被一场自然灾害全部剥夺,在导致经济损失的同时,还面临着触电危险、重新返贫、社会稳定等问题。

5.1.1　暴雨洪涝

暴雨是气象灾害中最严重、最常发生的灾害之一。暴雨、洪水对光伏电站产生的影响主要是三方面:遭遇水灾受损的太阳能电池板可能会出现绝缘不良等故障;光伏系统桩基不稳,特别是支架与地面接触部分,在雨水长期浸泡过程中,桩基出现松动导致电站倾斜、倒塌;光伏电站周边排水系统存在欠缺,暴雨天气,排水系统不完善,导致积水严重,可能会出现光伏逆变器、箱变等设备长时间浸泡于水中的问题,致使设备内部出现短路,光伏电站瘫痪。

5.1.2　雷电

雷击对光伏电站的损害主要有以下几种形式:直击雷击穿光伏组件防反二极管和 PN 结;直击雷对逆变器、箱变、开关站等设备元器件造成损害;直击雷对输电线路造成损害;雷电感应过电压对电力设备造成损害;雷电感应过电压损坏监控、计量设备,造成监控不准或计量有误;杆塔或相连架空线路遭受直接雷击及线路上产生感应电涌,会对光伏系统变压器甚至整个电气系统造成过电压危害。

5.1.3　大风灾害

大风对光伏电站的危害主要是造成支架、组件的直接损害。光伏场区占地面积大,支架、组件数量多,从数量、功能、造价上均为光伏电站核心设施,而结构本身相对又比较薄弱,一旦遭遇超过设计强度的大风,经济损失巨大。另外大风天气,还可对光伏场地的汇流箱、升压站建(构)筑物等造成危害,特别是光伏组件间的连接线,受大风吹拂摇摆,很可能导致接触不良或断路。

5.1.4　低温雨雪冰冻

冰雪对光伏电站的影响主要是冰雪堆积,光伏电站内组件顶部积雪未及时清理,荷载增大,有导致光伏组件、承载支架及建(构)筑物因暴雪载荷增大而发生坍塌的可能。特别是在低温、暴雪条件下,光伏板上覆盖的冰雪被冰冻来不及融化或掉落,导致冰雪一层层累加又未及时清扫,最终导致光伏电站因冰雪负荷超载而发生垮塌。

冰雪天气下,主变压器等户外电器设备长期覆雪可能导致设备局部短路,电气设备上的积雪清扫不符合规程、规范要求还可能导致触电等安全事故发生。

低温伴随冰雪不仅影响支架强度,光伏组件积雪还将对组件造成遮挡,影响发电量。

冰雹对光伏电站主要影响是造成组件破损的直接损失。太阳能光伏电池板、变压器、配电装置等重要设备、设施抗冰雹冲击性能若不满足要求或日常设备维护不到位,在冰雹等恶劣天气条件下,可能因冰雹冲击导致设备损坏事故。

5.1.5 极端高温

高温天气对光伏电站主要有以下几个危害。

(1)造成组件功率损失,从而降低发电量。光伏组件有一项重要参数:峰值功率温度系数。一般,光伏组件的峰值功率温度系数在 $-0.38\% \sim -0.44\%/℃$。即温度升高,光伏组件的输出功率会降低。(2)影响逆变器关键部件的寿命。(3)与高湿天气同时存在时,容易产生 PID 效应,从而造成组件失效,光伏电站发电量锐减。

5.1.6 雾霾

雾霾对光伏电站主要影响是光伏电池板上出现灰尘或污渍,会减弱光辐照强度,降低组件的发电量,同时局部灰尘遮蔽可能会导致热斑效应,损失发电量的同时会造成安全隐患。

雾霾天气空气质量较差,升压站等设备绝缘表面上会逐渐沉积的一些污秽物质,会导致变配电装置污秽程度增加,若清扫不及时,可能导致污闪等事故。

5.1.7 对策建议

5.1.7.1 谨慎选址

准确勘测地理环境,对光伏电站是否会遭遇气象灾害起到关键作用。根据各地气象灾害综合风险精细化评估结果,根据地形地貌,坚决回避地势过于低洼区、洪涝淹没区、泄洪区域等,优先在太阳能资源丰富、风险较小的叠加地区遴选场址,从源头规避灾害风险。

5.1.7.2 科学设计施工

(1)湖北省东南部和西南山区暴雨灾害风险较大,尤其是咸宁、黄冈等暴雨中心地带,建设光伏电站时需根据历史降水极值、积水深度等,设计参数可采用 $50 \sim 100$ a 重现期的高标准,适当抬升支架高度,提高组件及其他电气设备的安装高度,增设排水系统。

(2)湖北省中北部地区大风风险较大,根据当地风荷载数据设计光伏支架,增加构件强度,合理调整组件倾角,严格控制组件安装质量等,在大风口区域的上方向可栽植若干排防风林。

（3）鄂东地区雷电风险较大，要做好站内各金属结构、电缆电线等设备的防雷接地工作，对升电站、输电线路要做好避雷措施，要请有资质的机构进行雷电装置和接地的定期检测，发现问题及时整改到位。

（4）鄂北、鄂西北冬季雨雪冰冻灾害比较严重，需要提高光伏支架和组件的抗雪荷载能力，适当增加组件倾角和减少光伏组件的联排宽度，预留扫除积雪的通道。

5.1.7.3　安全运营

定期检查维护组件设备，预防电气事故，实时关注天气预警预报，提前预防，最大限度降低光伏设备运行中的灾害风险。

5.1.7.4　电站保险

鉴于湖北省光伏电站气象灾害具有多发性、频发性、危重性及突发性，使得配置保险成为光伏电站规避气象灾害风险的最佳方案之一。根据光伏电站气象灾害风险强度，购买运营险或间接损失保险，转移灾害风险，一旦遭遇风险，可获得理赔，尽快开展自救和恢复发电，减少经济损失。

5.2　湖北省光伏电站气象灾害风险区划

在光伏电站前期选址建设阶段，通过开展光伏电站气象灾害区域风险评估，优先选择气象灾害风险较小的地址建站，科学设计施工，从源头上将光伏电站遭受气象灾害的风险降到最低；对于已经建设运营的光伏电站，摸清当地实际气象灾害风险后，关注天气预警信息，有利于健全风险防范化解机制，及时采取正确防灾措施，尽可能减少经济损失，保障电站和人员安全。

科学评估光伏工程各环节的气象灾害风险，需要一套完善的、操作性强的技术规范。进行光伏电站气象灾害综合风险评估，识别光伏电站的主要气象灾害和致灾因子，确定主要因子的临界阈值，建立光伏电站气象灾害风险评估模型，为光伏电站选址建设提供科学指导，为光伏电站的运营维护提供气象灾害预警及对策建议，对提高太阳能产业经济效益和社会效益具有十分重要的意义。

以湖北省为例，揭示对光伏电站规划设计、建设和运营维护有较大影响的主要气象灾害，确定主要灾害的评价指标并分析其时空分布规律，构建光伏电站气象灾害综合风险评估模型，对湖北光伏电站气象灾害风险进行综合区划。

5.2.1　研究内容与技术路线

（1）确定主要气象灾害种类

设计光伏电站气象灾害风险评估调查问卷，通过分发给光伏企业运营商、光伏电站规划设计师等业内专家，确定影响湖北省光伏电站建设运营收益的主要气象灾害种类及各灾害影响程度。

（2）收集整理气象数据和地形信息

收集工作所需要的全部气象站数据和地形信息,在对气象资料筛选和质量控制后进行相关处理分析。

（3）典型地形下的气象灾害致灾因子模型构建

根据湖北省主要地形,划分区域进行致灾因子空间分布研究。对于极端气温和降水指标,基于 DEM 数据,采用多元回归分析方法,建立区域与极端气温、降水相关的气象因子和经度、纬度、海拔高度、坡度、坡向这 5 个地形因子之间的关系模型。开展相关性检验,分析模型结果和检验结果,讨论存在的问题和优化方向。

（4）影响光伏电站的主要气象灾害空间分布

构建光伏电站气象灾害风险评价指标体系,利用 GIS 软件空间分析模块,确定影响湖北省光伏电站建设运营的主要气象灾害致灾因子,绘制湖北省光伏电站气象灾害单因子分布图,实现影响湖北省风电场主要气象灾害因子的空间插值和分析研究。分析积雪冰冻、暴雨、高温、雷电、大风灾害和雾霾在湖北省的空间分布规律。

（5）湖北省光伏电站气象灾害风险评估与区划

通过专家打分结合层次分析法确定各气象灾害权重和致灾因子指标,得到湖北省光伏电站气象灾害风险评估模型。利用 GIS 软件空间分析模块(IDW、栅格计算器、自然断点分级等)实现湖北省光伏电站气象灾害综合风险的空间区划。

5.2.2 数据资料与处理

（1）中国气象局国家气象信息中心提供的湖北省 1716 个气象站点(包括 70 个国家站和 1646 个区域站)逐日温度、降水等数据,由于大部分高海拔区域站的数据自 2016 年后才有记录,选择 2016—2018 年温度和降水的资料;国家站 1984—2018 年与风、雷电、积雪、雾霾等相关的观测要素,如最大风速、大风日数、雷电、积雪日数、最大积雪深度、雾日数、霾日数等。

（2）湖北省防雷中心提供的 2007—2018 年近 12 a 平均地闪密度资料。

（3）地形数据主要来源于中国气象局,湖北省 1:50000 省界、数字高程模型(DEM)数据。基于 DEM 数据,利用 ArcGIS 软件三维空间分析功能提取得到湖北省海拔、坡度和坡向数据。

气象数据质量控制如下。

区域气象站数据存在大量缺测、漏测和错误数据,需要经过较为严格的资料筛选和质量控制,包括一致性检验和极值检验。数据筛选要求具体参照以下几点:

（1）剔除存在大量数据缺失的站点,特别是关键性数据缺失的气象站点,例如缺少夏季高温数据,夏季降水数据,冬季低温数据等;

（2）剔除地理信息明显变化(经纬度变化超过 0.1°,海拔变化超过 10 m)的气象站点,发生迁站的站点;

（3）剔除有数据异常(数据突变,违反自然规律)的气象站点;

（4）当有相邻气象站且气象站数据相近时,可剔除数据质量较差的站点;

（5）对于一些不确定的站点数据，可以将其与同时期的邻近站点对比，结合站点周边自然环境，查询当地气候特征，判断数据是否保留。

图5.1显示研究区内经过筛选后的1716个气象站点分布情况。可以明显看出，国家站主要分布于低海拔的山地、平原或河谷盆地，中高海拔山地站点较少，难以表现山地气候特征。国家站数量少且分布分散，若以此直接进行空间插值分析，将会造成巨大误差，甚至得到错误结论。加入大量区域站，可以很好地填补空间上的数据空缺，对每一个山体、每一个代表剖面都能够进行较为详细的气象特征分析。最终确定的气象站点，在全省分布较为均匀，站点数量上满足每个分区内的分析需求，可以沿海拔梯度构建较为完整的气象数据序列。

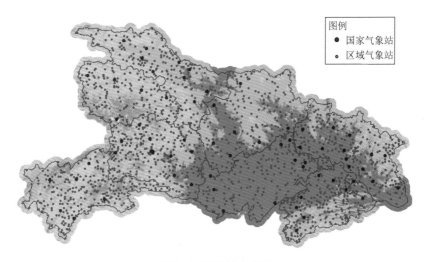

图例

● 国家气象站

· 区域气象站

图5.1　气象站点分布

5.2.3　主要气象灾害、权重与指标确定

设计湖北省光伏电站气象灾害风险调查问卷，列出湖北省内可能影响光伏电站运营的气象灾害种类（暴雨、积雪冰冻、大风、高温、低温等），并设定其影响程度（按照轻重程度给予1～5的分值），邀请专家进行评分，最终回收了来自湖北安源安全环保科技有限公司、湖北省光伏工程技术研究中心（武汉日新科技股份有限公司）、长江勘测设计院、中南电力设计院、湖北省新能源技术与开发中心的专家和工程师，中广核、湖北能源等公司旗下的麻城、随州等地光伏电站和能源局一线人员的28份打分表。

整理专家打分结果（表5.1），考虑到通常低温伴随着冰雪会对光伏电站组件造成重大影响，最终确定影响湖北省光伏电站建设运行的主要气象灾害种类为低温冰雪、暴雨、大风、雷电、高温、雾霾。结合层次分析（AHP）法（比较专家打分结果，得到各灾害相对重要性判断矩阵见表5.2），参考文献资料和实际灾情调查，得到主要气象灾害的权重系数，详见表5.3。

表 5.1　灾害得分次数统计及各灾害得分占比

分值	灾害					
	暴雨	大风	雷电	低温冰雪	高温	雾霾
5 分	42.9%	32.1%				
4 分	53.6%	64.3%	10.7%	3.7%		
3 分	3.6%	3.6%	42.9%	22.2%		
2 分			46.4%	70.4%		4.0%
1 分				3.7%	100%	96.0%
得分次数	28	28	28	27	24	25

说明:以暴雨为例,收回的调查表中有 28 个专家对暴雨的影响程度打分,其中,打 5 分的占 42.9%,打 4 分的占 53.6%,打 3 分的占 3.6%。

表 5.2　层次分析法判断矩阵及一致性检验

灾种	暴雨	大风	雷电	低温冰雪	高温	雾霾
暴雨	1	1	3	4	6	6
大风	1	1	3	4	5	5
雷电	1/3	1/3	1	2	4	4
低温冰雪	1/4	1/4	1/2	1	4	4
高温	1/6	1/5	1/4	1/4	1	1
雾霾	1/6	1/5	1/4	1/4	1	1

注:$\lambda_{max}=6.245$,CR$=0.039$。CR<0.1,通过一致性检验。

说明:判断矩阵用 1~9 的整数及其倒数表示二者相对重要程度,1 同等重要,9 极重要,1/9 极次要,其他为评价的中间值。以第一列数据为例,表示大风与暴雨相比同等重要(值为 1),雷电与暴雨相比略次要(值为 1/3)。

表 5.3　湖北省光伏电站主要气象灾害权重

灾害	暴雨	大风	雷电	低温冰雪	高温	雾霾
权重	0.33	0.30	0.15	0.12	0.05	0.05

由上述分析可知,湖北省光伏电站气象灾害评价因子指数模型如下:

$$Y=0.33X_1+0.30X_2+0.15X_3+0.12X_4+0.05X_5+0.05X_6 \tag{5.1}$$

式中,X_1—X_6 分别表示暴雨、大风、雷电、低温冰雪、高温、雾和霾灾害指标归一化指数。

通过查阅文献和调研分析,筛选了与这六种灾害相关的致灾因子,见表 5.4。

表 5.4　气象灾害致灾因子及定义

气象灾害	致灾因子	定义
	年平均降雨量	年降水量的多年平均值(mm)
暴雨	年平均 4—10 月暴雨日数	4—10 月日降水量≥50 mm 天数的多年平均值(d)
	最大日降雨量	全天降雨量总和的累年最大值(mm)

续表

气象灾害	致灾因子	定义
高温	极端最高气温	累年最高气温(℃)
	年平均高温日数	每年日最高气温≥35 ℃日数的多年平均值(d)
大风	年最大风速	累年最大风速(m/s)
	年平均大风日数	每年出现瞬时风速≥17.2 m/s 天数的多年平均值(d)
低温冰雪	极端最低气温	累年最低气温(℃)
	年平均低温日数	每年内日最低气温≤0 ℃日数的多年平均值(d)
	年平均积雪深度≥5 cm 日数	每年出现积雪深度≥5 cm 天数的多年平均值(d)
雷电	年平均地闪密度	年平均地闪密度(次/(km²·a))
	年平均雷暴日数	年雷暴日数的多年平均值(d)
雾和霾	年平均雾日数	年雾日数的多年平均值(d)
	年平均霾日数	年霾日数的多年平均值(d)

相关研究表明,湖北极端降水主要集中在夏季,春季和秋季次之,冬季较少出现(吴翠红等,2013),故特别选取 4—10 月作为研究时段计算各个站点的暴雨日数。研究发现相比于强度较大的日降水量,过程降水量能更好地反映持续性降水累积效应的致灾作用(郭广芬等,2009),因此未选择最大日降水量作为暴雨灾害的致灾因子指标。分析得知,暴雨、高温灾害、低温冰雪灾害的致灾因子分布特征相似,为避免信息重复,故筛选了更具代表性的致灾因子作为湖北省光伏电站气象灾害风险评估指标,见表5.5。

表 5.5　湖北省光伏电站主要气象灾害风险评估指标

灾害	暴雨	大风	雷电	低温冰雪	高温	雾和霾
指标	年平均 4—10 月暴雨日数	年平均大风日数	年平均地闪密度	极端最低气温 年平均积雪深度≥5 cm 日数	极端最高气温	年平均雾日数 年平均霾日数

5.2.4　主要气象灾害致灾因子空间特征

5.2.4.1　暴雨

湖北年平均 4—10 月暴雨日数(P_d)在 0~11 d。31°N 以北,除了神农架山区西部邻近大巴山的区域 P_d 大于 7 d,其他地区 P_d 一般小于 5 d,Ⅲ区房县—竹山、Ⅳ区十堰—郧西—郧县—老河口以及襄阳部分地区 P_d 甚至小于 2 d。31°N 以南除Ⅱ区枝江部分区域 Pd 一般大于 5 d,特别武陵山、幕阜山、大别山等高海拔山区 P_d 大于 7 d,部分地区超过 10 d(图 5.2)。

武陵山、神农架、大别山、幕阜山等高海拔山区属于暴雨集中区。夏季副热带高压位置偏北,受底部东风波和台风低压影响,并伴有适量冷空气,加之东风入流与鄂西山地相交,地形辐合作用使得空气绝热冷却凝结,形成降水,降水强度增大,鄂西武陵山、神农架等山区易发生大暴雨。鄂西北郧西、郧县、房县、襄阳等地气候干冷,暖湿气流较少,是湖北降水低值区。

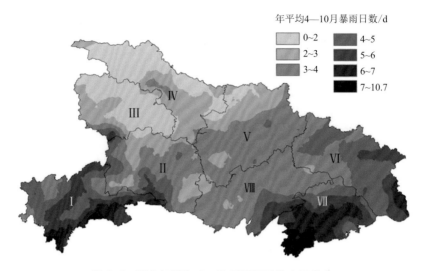

年平均4—10月暴雨日数/d
- 0～2
- 2～3
- 3～4
- 4～5
- 5～6
- 6～7
- 7～10.7

图5.2　湖北年平均 4—10 月暴雨日数空间分布

5.2.4.2　大风

湖北省年平均大风日数在 0.2～11.7 d,由图 5.3 可知,湖北省大部分地区大风日数在 2 d 以内,鄂中北相对于鄂西、鄂东地区大风日数较多,大风日数最多的地区主要集中在荆门中部,大风日数多在 6～12 d。

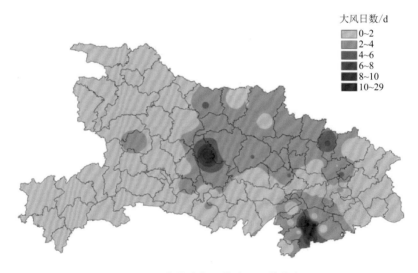

大风日数/d
- 0～2
- 2～4
- 4～6
- 6～8
- 8～10
- 10～29

图5.3　湖北省年平均大风日数分布

5.2.4.3　雷电

湖北省近 12 a(2007—2018 年)平均地闪密度在 0～5 次/(km²·a)(图 5.4),湖北省闪电密度分布与地形有关,地闪密度高值区位于鄂西南宜昌中部地区以及远安和当阳的交界处,鄂东南咸宁、黄石、鄂州、黄冈一带,地闪密度大于 4.0 次/(km²·a)。鄂西北竹溪、竹山、郧西一带,鄂西南利川、咸丰、来凤一带地闪密度较小,小于 1.0 次/(km²·a)。由此可见,地闪密度高值区易发生在地表状况发生明显变化的地带,如山区与平原、陆地与水域的交接地带。地闪密度自东南向西北减小,地闪密度高值区包括鄂东南大别山、幕阜山与鄂东沿江平原交界地区,江汉平原与三峡河谷、兴山—荆山一带鄂西山区交接地区。

湖北省雷暴多发生在夏季,春季次之,秋冬季较少。夏季副热带高压位置偏东时,鄂东南地区位于副热带高压(简称副高)边缘,受偏南急流的影响,副高边缘易出现雷暴天气。

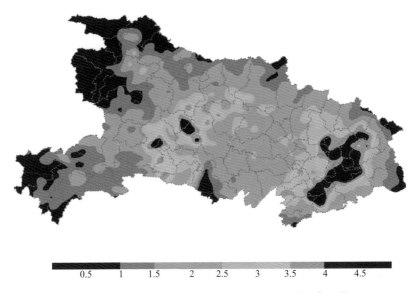

图 5.4　湖北省平均地闪密度分布(单位: 次/(km² · a))

5.2.4.4　低温冰雪

湖北各地极端最低气温(T_m)在$-25.5\sim-1.5$ ℃(图 5.5)。分布趋势为南高北低,同纬度相比,平原高,山区低。31°N 以北 T_m 一般在-10 ℃以下,其中神农架高海拔山区和房县部分区域温度低于-15 ℃。31°N 以南除五峰—巴东一带和大别山区,T_m 一般高于-10 ℃。鄂西南武陵山区和清江河谷、三峡河谷、鄂东南以及江汉平原中部为暖区,T_m 在-5 ℃左右,长江沿岸地区 T_m 偏高。

使用国家气象站观测资料,绘制年平均积雪深度≥5 cm 日数空间分布图(图 5.6)。湖北各地年平均积雪深度≥5 cm 日数在 0.1～4.1 d,Ⅲ区神农架积雪深度≥5 cm 日数较多,十堰东北部、襄阳北部及随州西部地区次之,恩施和宜昌大部分地区积雪深度≥5 cm 日数最少。

鄂东南、清江河谷、三峡河谷以及江汉平原中部的长江沿岸地区受低温冰雪灾害影响较小,高海拔山区和汉江河谷西部丘陵地区属于低温冰雪灾害集中区。鄂北枣阳一带地势开阔,易受北方入侵的冷空气影响。

5.2.4.5　高温

湖北各地极端最高气温(T_M)在 22.4～47.1 ℃(图 5.7)。全省 31°N 以北和 112°E 以东区域 T_M 较高。T_M 小于 30℃的低值区包括神农架、兴山、鹤峰—五峰—建始—巴东部分地区和大别山、幕阜山少部分高海拔山区。全区海拔最高的站点神农顶 T_M 仅 22.4 ℃,江汉

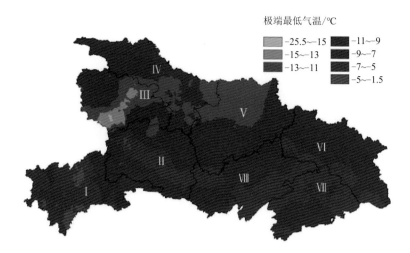

图 5.5　湖北极端最低气温空间分布

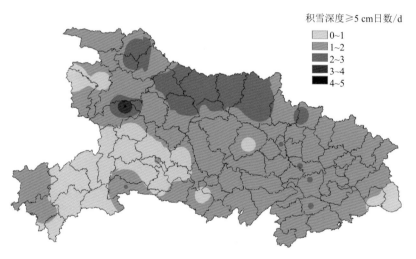

图 5.6　湖北年平均积雪深度≥5 cm 日数空间分布

平原一般在 40 ℃ 以下。超过 40 ℃ 的高值区主要集中在 Ⅱ 区夷陵、枝江、松滋，Ⅲ 区竹山、竹溪西北部分地区，Ⅳ 区郧阳、郧西、谷城，Ⅵ 区武穴、浠水、团风，Ⅶ 区崇阳、阳新。

三峡河谷、鄂西北山区、鄂东南低山丘陵地区属于高温灾害集中区，鄂西南武陵山系、神农架高海拔山区发生高温灾害可能性低。

5.2.4.6　雾和霾

湖北省霾日数在 0.1～86.4 d。由图 5.8 可知，湖北省大部分地区年平均霾日数在 17 d 以内，霾日数较多的地区主要在中部偏西的襄阳、宜昌一带和东部的黄石、大冶、武汉一带。丹江口、大冶部分地区的霾日数最多，在 73～87 d。

湖北省雾日数在 1.6～57.6 d。由图 5.9 可知，湖北省大部分地区年平均雾日数在 20 d 以内，海拔较高地形复杂的恩施州西部地区年平均雾日数最多。

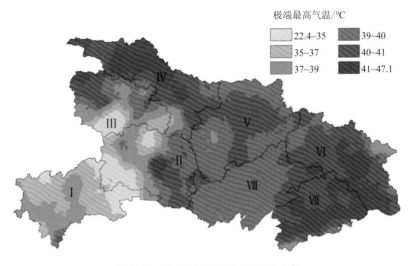

图 5.7　湖北极端最高气温空间分布

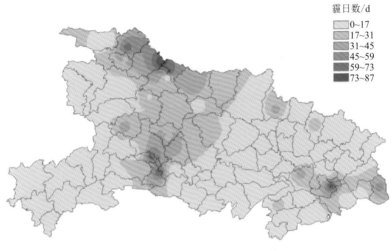

图 5.8　湖北省年平均霾日分布

图 5.9　湖北省年平均雾日分布

5.2.5 地形影响因子分析

通常情况下,认为不同的海拔、坡向、坡度等都可能是地形的影响因子。光伏电站随着坡度增大,造价明显增加,面临的灾损风险也越大,如果地价较高时,北坡时会占用更多土地,东西坡度会导致支架用钢量有所增加。地形起伏度较大会导致光伏电站场地遭遇暴雨洪涝的风险较大。

根据湖北省地貌的空间特征,运用 ArcGIS 空间分析工具对鄂西地区 DEM 提取微观地貌,再把提取的影响因子消除量纲间的差异,转换为分级模型,利用栅格计算器合并数据,得到相关结果。

5.2.5.1 海拔高度

地形因子中,高程标准差的值越大,高程波动的范围就越大,表明该地附近地形越不平坦。利用 ArcGIS 空间分析模块,计算栅格周围 3×3 矩形窗口内所有栅格高程的标准差作为表征该处地形变化程度的定量指标。此处选择矩形窗口来计算研究区域的高程标准差,使这个窗口在 3×3 数据区域内以一定的步长和方向移动,这样就可通过计算得到湖北各地区高程标准差分布图,从而表达出地形的起伏状况(图 5.10)。

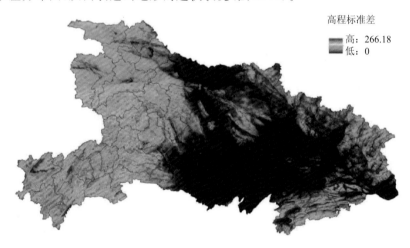

高程标准差
高: 266.18
低: 0

图 5.10 湖北省高程标准差分布

5.2.5.2 坡向

坡向的定义为坡面法线在水平面上的投影方向,它是决定地表不同部分接受光照并重新分配太阳辐射量的重要地形因子之一,是使局部地区产生气候特征差异的主要因素。湖北省坡向分布见图 5.11。

地面上的任何一点,其坡向都可以表征该点高程值改变量的最大变化方向。运用 Arc-GIS 空间分析模块提取坡向信息。输出的坡向数据中,把坡向值按照以下原则分类:正北方向坡向为 0°,按顺时针方向计算,坡向取值范围是 0°~360°(此外,GIS 默认把平地的坡向赋值为 -1°),坡向(见图 5.11)可以分为平坡(-1°)、北坡(315°~360°、0°~45°)、东坡(45°~135°)、南坡(135°~225°)、西坡(225°~315°)。运用 ArcGIS 重分类功能将东、西坡影响度设为 5,南坡影响度为 0,北坡影响度为 10。

坡向/°
高：359.95
低：-1

图 5.11　湖北省坡向分布

5.2.5.3　坡度

坡度表示地表单元陡缓的程度,依据国际地理学联合会地貌调查与地貌制图委员会关于地貌详图应用的坡地分类来划分坡度等级,规定:0°～0.5°为平原,＞0.5°～2°为微斜坡,＞2°～5°为缓斜坡,＞5°～15°为斜坡,＞15°～35°为陡坡,＞35°～55°为峭坡,＞55°～90°为垂直壁。一般工程机械最大工作仰角都是30°,当山地坡度大于光伏打桩机最大工作仰角,无法打桩,且大于30°的山坡行走困难,安全问题突出,因此,将坡度＜15°影响度定义为0,将坡度介于15°～30°定义为5,将坡度＞30°定义为10(见图5.12)。

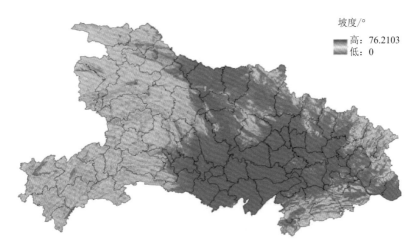

坡度/°
高：76.2103
低：0

图 5.12　湖北省坡度分布

5.2.6　湖北省光伏电站气象灾害综合风险评估与区划

通过专家打分法,确定地形影响因子的权重系数,最终得到湖北省光伏电站气象灾害综合风险评估模型为:

$$D = 0.7Y + 0.3(0.3H + 0.4S + 0.3A) \tag{5.2}$$

式中,D 为光伏电站气象灾害综合风险指数,Y 为气象灾害评价因子指数,H 为海拔归一化指数,S 为坡度归一化指数,A 为坡向归一化指数。

通过 ArcGIS 的栅格计算器叠加上述因子指数图层,最终得到湖北省光伏电站气象灾害综合风险指数分布图,根据自然断点分级(表5.6),将湖北划分为五个风险等级(表5.7)。

湖北省光伏电站气象灾害综合风险等级占比中,较低风险区所占面积最大,其次是中等风险区、低风险区,高风险区所占面积最小。

表 5.6　湖北省光伏电站气象灾害综合风险等级划分

综合风险指数	风险等级
0.08～0.20	低风险区
0.20～0.26	较低风险区
0.26～0.32	中等风险区
0.32～0.39	较高风险区
0.39～0.70	高风险区

表 5.7　湖北省光伏电站气象灾害综合风险等级分布结果

风险等级	各等级面积占比/%
低风险区	21.18
较低风险区	35.21
中等风险区	26.91
较高风险区	13.57
高风险区	3.13

鄂西北地区主要被低风险区、较低风险区占据,鄂西南地区主要被中等风险区、较高风险区占据。江汉平原主要为较低风险区,鄂东北地区主要为中等风险区、较高风险区,鄂东南地区主要为高风险区、较高风险区(图5.13)。

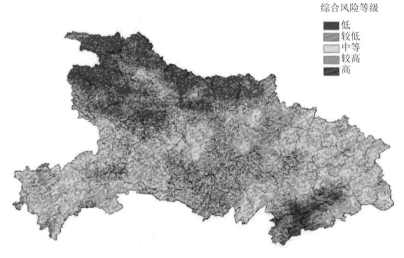

综合风险等级
■ 低
■ 较低
□ 中等
■ 较高
■ 高

图 5.13　湖北省光伏电站气象灾害综合风险等级分布

5.3 湖北省风电场生态修复气象影响区划

5.3.1 开展风电场生态修复气象综合区划的意义

随着风电场大规模集中开发程度的增加,不断增加的限电、"弃风",内陆省份风电场的优势渐渐凸显,内地风电迎来大规模开发的阶段。就湖北省而言,全省95%的风电场建在山区,风电场在开发过程中必然引起一定程度的水土流失和植被破坏等生态问题。在建设风电场过程中,将进行道路修建、基础开挖、输电线路架设等活动,这些活动会在一定程度上破坏原地表和植被。土地原有的紧密结构遭到破坏,山区土壤抗蚀性低,且植被破坏后恢复难度大,再塑地貌为水土流失的发生与发展创造了条件,在强降雨、大风等作用下水土流失急剧增加。此外,湖北省高山地区平均气温偏低、夏季降雨量大,这些因素叠加会造成植被恢复难度大、期限长。

如何科学合理地在风电场建设工程破坏区进行适宜的植被恢复重建,成为急需解决的问题。所谓风电场生态修复是指有目的地把风电场建设区域改建成定义明确的、固有的、历史上的生态系统的过程,这一过程的目的是竭力仿效当地特定生态系统的结构、功能、生物多样性及其变迁过程。目前,相关学者和专业技术人员多是针对不同的个例进行生态修复设计和规划,对大范围、区域尺度的生态修复区划研究较少。因此,在充分考虑气象因素对风电场生态修复过程中植被恢复影响的基础上,综合考虑地理、土壤、植被、风能资源等多种因子的影响,开展全省风电场的生态系统保护和恢复难易程度综合区划,为不同区域采取因地制宜的生态保护修复方案提供科学依据。

5.3.2 资料和方法

5.3.2.1 所用资料

用到了气象、土壤、植被、风能资源及地理信息五类资料。

气象要素资料:取自湖北省89个国家级气象观测站及分布在全省的2005个区域气象站观测数据(图5.14)。所取的资料观测时段为区域气象站观测质量较好的2016—2018年三个完整年每日20—20时的累积降水、日最低气温、10 m高度最大风速等观测。资料进行了质量控制检验。

土壤要素资料如下。

(1)土地覆盖分类数据:基于2017年Landsat TM/ETM/OLI遥感影像,采用遥感信息提取方法,经波段选择及融合,图像几何校正及配准并对图像进行增强处理、拼接与裁剪,形成覆盖湖北省范围,水平分辨率为30 m的8类(农田、森林、草地、灌木丛、湿地、水体、建设用地、荒地)土地覆盖分类数据。

(2)降雨侵蚀力数据:湖北省水土流失主要表现形式为水力侵蚀,利用全省降水资料,建

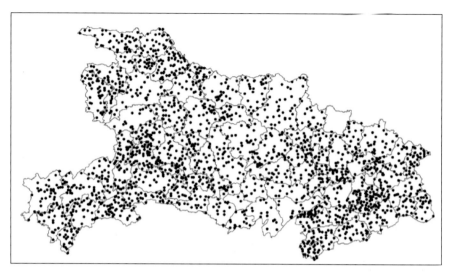

图 5.14　研究所采用的气象观测站点分布

立基于降雨量的降雨侵蚀力模型,计算土壤受侵蚀的潜在能力。

植被要素:归一化植被指数(NDVI),利用 MODIS 卫星 2019 年 MOD13A3 通道产品,进行波段运算、拼接、掩膜等,最终形成水平分辨率为 1 km 的 2019 年湖北省归一化植被指数。

风能资源资料:本节风能资源指标指离地面 70 m 高度风速和风功率密度。取自湖北省陆地风能资源高分辨率(1 km)评估(30 a 平均)数据集,该套数值模拟资料融合了湖北省200 多座测风塔实际测风资料,经过检验,模拟结果较为可信。

地理信息要素:海拔、坡度、坡向信息。基于湖北省 1:50000 省界、水系、数字高程模型(DEM)数据,利用 ArcGIS 软件三维空间分析功能提取得到湖北省海拔高度、坡度和坡向数据。

5.3.2.2　区划方法

(1)区划指标的选取

根据相关文献对风电场生态修复的相关研究,风电场生态修复除涉及当地海拔、地形地貌特征外,还涉及气象、土壤、植被等多个因子,气象要素方面,年平均降水、夏季极端降水及极端低温、大风等,都会影响风电场生态修复后的植被生长。土壤及植被要素方面,不同的土壤覆盖类型、土壤降雨侵蚀力及不同的植被覆盖率亦会造成破坏后的生态修复能力不同。风资源要素方面,湖北省风资源好的山地丘陵地区,风电场开发规模增大,造成的生态修复难度亦会增加。结合行业专家以及一线业务人员调研,选取气象、土壤、植被、地理信息、风能资源 5 大类 12 个要素作为评价因子建立区划指标体系(表 5.8)。

表 5.8　影响湖北省风电场生态修复的评价因子

准则层	指标层
气象	年平均降水(mm)
	夏季(4—10 月)降水(mm)
	极端低温(℃)
	最大风速(m/s)

续表

准则层	指标层
土壤	土壤类型
	降雨侵蚀力(MJ·mm/(hm²·h·a))
植被	NDVI
地理信息	海拔高度(m)
	坡度(°)
	坡向(°)
风能资源	70 m 高度风速(m/s)
	70 m 高度风功率密度(W/m²)

（2）评价因子权重的确定

本研究运用层次分析及专家打分相结合的方法，确定了各评价因子权重（表5.9）。

表 5.9 各评价因子权重

准则层		因子指标层		最终因子权重
名称	权重	因子	权重	
气象	0.50	年平均降水	0.20	0.10
		夏季降水	0.40	0.20
		极端低温	0.20	0.10
		最大风速	0.20	0.10
土壤	0.15	土壤类型	0.66	0.10
		降雨侵蚀力	0.34	0.05
植被	0.05	NDVI	1.00	0.05
地理信息	0.20	海拔高度	0.20	0.04
		坡度	0.60	0.12
		坡向	0.20	0.04
风能资源	0.10	70 m 风速	0.50	0.05
		70 m 风功率密度	0.50	0.05

（3）加权综合评分

因各个指标对风电场生态修复的相对重要程度各异，所以，计算综合指标体系时，必须考虑到它们各自权重，本节选用加权综合评分法来确定各个评价指标的权重。

把各选定指标的作用大小综合起来，然后用一个数量化指标加以集中，从而表示整个评价对象的优劣。首先，由于各个评价因子在计算过程中，可能各自又包含了一系列指标，为消除评价因子各个指标的数量级和量纲之间的差异，需要对每一个指标值进行归一化处理，采用如下公式计算：

$$G_i = \frac{A_i - \min_i}{\max_i - \min_i}$$

(5.3)

式中，G_i 为第 i 个指标的归一化值，A_i 为第 i 个指标值，$\min_i$ 和 $\max_i$ 分别为第 i 个指标值中的最小值和最大值。

接着，计算各评价因子指数，计算公式如下：

$$P_j = \sum_{i=1}^{n} W_i G_{ij} \tag{5.4}$$

式中，P_j 为第 j 项评价因子指数，W_i 为第 i 项指标的权重，G_{ij} 为对于因子 j 的第 i 项指标的归一化值，n 为评价指标个数。P_j 可以认为是第 j 个评价单元对应的风电场生态修复难易程度，数值范围为 $0\sim1$。本研究将风电场生态修复难易程度等级分为四级，即易恢复区（$0\sim0.25$）、较易恢复区（$0.26\sim0.35$）、较难恢复区（$0.36\sim0.45$）、难恢复区（$0.46\sim1$）。

（4）空间数据分析

本研究采用 ArcGIS 软件为湖北省风电场生态修复综合区划提供分析平台。主要应用 ArcGIS 空间分析、空间统计、地统计分析、矢量数据处理及栅格数据处理等模块完成区划分析。

5.3.2.3 各区划指标建立

（1）湖北省精细化气象要素分布

湖北省境内三面环山，地势为西、北、东三面高起，中部向南敞开，呈马蹄形分布。由于其特殊的地理位置和复杂多样的地形地貌，使得降水空间分布差异明显。由于省内 89 个国家气象观测站多设在低山和平原处，若仅以国家气象观测站直接进行空间插值分析，将会造成巨大误差，难以表现山地气候特征，甚至得到错误结论。因此，估算和模拟能反映湖北省实际降水的时空分布特征，特别是能反映山区降水特征就显得尤为重要。加入无人值守的区域站资料，可以很好地弥补常规气象站点稀疏的不足，对大的山体和代表剖面能进行较为详细的气象特征分析。本研究利用了全省 2005 个区域气象站降水观测资料，结合地理信息数据，将湖北省按主要山系划分为 8 个区，分区域构建降水与地理因子的模型（图 5.15），建立复杂地形影响下的湖北省降水精细化分布特征。

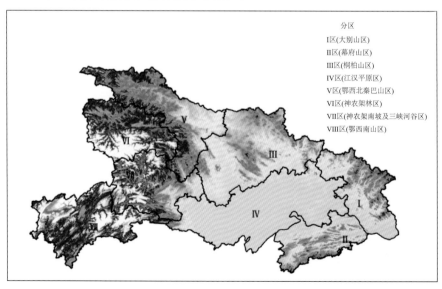

分区
I区（大别山区）
II区（幕府山区）
III区（桐柏山区）
IV区（江汉平原区）
V区（鄂西北秦巴山区）
VI区（神农架林区）
VII区（神农架南坡及三峡河谷区）
VIII区（鄂西南山区）

图 5.15　湖北省降水研究区域划分情况

利用各分区的气象观测站点的降水观测资料,结合 ArcGIS 软件,提取站点所在的数字高程模型(DEM)的经度、纬度、高度、坡度、坡向信息,分区域建立基于地形影响的精细化降水方程,最终得到湖北省精细化降水、气温分布图(图 5.16)。

各区所建降水模型见表 5.10、表 5.11。

表 5.10 分区域建立的年降水模型

分区	降水模型
Ⅰ区	$R=221.4x-8.1y+0.2h+0.9p+0.01a-23927.9$
Ⅱ区	$R=-7.3x-321.1y+0.1h+0.01p+0.01a+12034.8$
Ⅲ区	$R=92.7x-217.7y+0.2h+10.0p-0.01a-2658.3$
Ⅳ区	$R=81.7x-119.6y+0.3h+12.3p+0.2a-4480.8$
Ⅴ区	$R=-12.5x-161.8y+0.2h+2.2p-0.1a+7449.0$
Ⅵ区	$R=-177.2x-460.3y+0.1h-1.95p-0.2a+35241.8$
Ⅶ区	$R=22.0x-443.2y+0.2h+1.1p+0.03a+12351.8$
Ⅷ区	$R=190.4x-340.1y+0.2h-0.4p-0.01a-9162.7$

注:式中,R 代表年降雨量(mm),x 为经度(°),y 为纬度(°),h 为海拔高度(m),p 为坡度(°),a 为坡向。

表 5.11 分区域建立的夏季降水模型

分区	夏季降水模型
Ⅰ区	$r=162.6x-0.39y+0.2h+0.3p-17641.0$
Ⅱ区	$r=-6.4x-291.6y+0.2h+1.9p+10653.2$
Ⅲ区	$r=59.3x-216.8y+0.6h+3.8p+897.8$
Ⅳ区	$r=94.0x-130.2y+0.8h+0.2p-5796.3$
Ⅴ区	$r=-10.5x-109.5y+0.2h+1.1p+5376.2$
Ⅵ区	$r=-180.2x-349.8y+0.2h+0.3p+31774.0$
Ⅶ区	$r=-54.6x-210.2y+0.2h-0.2p+13492.0$
Ⅷ区	$r=128.7x-329.6y+0.2h+1.5p-3042.7$

注:式中,r 代表夏季降雨量(mm),x 为经度(°),y 为纬度(°),h 为海拔高度(m),p 为坡度(°)。

根据不同区域的降水模型,可以得到湖北省精细化的年降水分布。同样的方法,可以得到湖北省夏季降水、年最低气温的精细化分布(表 5.12、图 5.16)。

表 5.12 分区域建立的年平均最低气温模型

分区	年平均最低气温模型
Ⅰ区	$T_m=-1.122x-3.329y-0.002h-0.013p+224.061$
Ⅱ区	$T_m=-0.238x+0.273y-0.003h-0.02p+12.537$
Ⅲ区	$T_m=0.927x-2.995y-0.003h-0.013p+224.061$

分区	年平均最低气温模型
Ⅳ区	$T_m = 0.756x - 1.285y + 0.006h - 0.039p - 53.605$
Ⅴ区	$T_m = -0.502x + 0.313y + 0.0001h + 0.007p - 34.967$
Ⅵ区	$T_m = -0.949x - 4.204y - 0.006h + 0.013p + 231.939$
Ⅶ区	$T_m = -4.362x - 0.715y - 0.007h + 0.028p + 502.027$
Ⅷ区	$T_m = -1.315x + 0.971y - 0.007h + 0.019p + 113.961$

注：式中 T_m 代表年最低气温(℃)，x 为经度(°)，y 为纬度(°)，h 为海拔高度(m)，p 为坡度(°)。

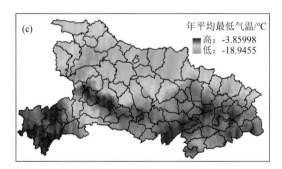

图 5.16　湖北省气象要素精细化特征分布

(a)年平均降水；(b)夏季降水；(c)年平均最低气温

（2）降雨侵蚀力

就降雨侵蚀力而言，国内外许多学者都根据自己的观测资料建立了降雨侵蚀力简易模型。目前我国降雨侵蚀力的简易模型算法主要依据过程降雨量、日降雨量、月降雨量、年降雨量等几种不同降雨类型资料。已有的研究结果表明，依据日降雨量建立的模型精度最高，其余几种差别不大，且在降水丰富的南方区域，降雨侵蚀力的相对误差变化范围相对较小。本研究采用月降水量来建立降雨侵蚀力模型。其模型形式为：

$$R_n = \sum_{i=1}^{12} \alpha P_i^{\beta} \tag{5.5}$$

式中，R_n 是年降雨侵蚀力(MJ·mm/(hm²·h·a))；P_i 为各月雨总量(mm)，α 和 β 为模型待定参数。根据相关文献计算结果，结合湖北省精细化降水分布特征，最终确定 α 为

$0.0479, \beta$ 为 1.6203。

根据降雨侵蚀力模型及 2016—2018 年湖北省精细化降水分布模型,对湖北省的降雨侵蚀力 R_n 值进行了计算,结果如图 5.17 所示。

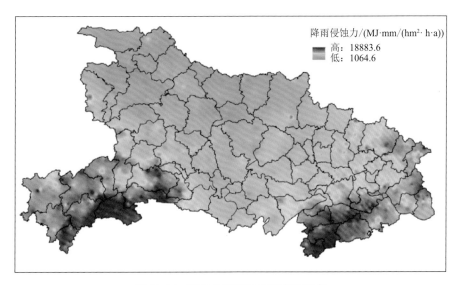

图 5.17 湖北省降雨侵蚀力空间分布

(3)归一化植被覆盖指数(NDVI)

植被是抑制土壤侵蚀的主要因子。虽然植被水土保持功能的指标涉及植被盖度、枯落物厚度、植物根系密度与根量、植被类型、植物种类组成等。但由于某些指标测量较为繁琐,大范围获取数据较为困难,在应用上受到限制。目前,仍广泛采用的植被覆盖指数来反映抑制土壤侵蚀的能力。

通过下载的 MODIS 卫星 2019 年 MOD13A3 通道产品,利用 MRT(MODIS Reprojection Tool)工具对图像进行投影转换(将正弦投影转换成 WGS84 经纬度投影)。另外,将湖北省所处的四景 MODIS 数据进行拼接处理。之后利用 ENVI 软件将湖北全省范围进行掩膜,提取湖北省范围内逐月的归一化植被指数栅格数据。并通过 ENVI 软件中的波段运算(band math),将上一步提取出来的栅格数据计算成标准格式及单位的数据文件。最后用最大合成法将 NDVI 月度数据合成年数据,最终形成分辨率为 1 km 的 2019 年湖北省 NDVI 分布图(图 5.18)。

(4)地理信息

本研究的地理信息准则层选取了海拔高度、坡度、坡向三个细分指标。海拔高度表达了地形的起伏状况,构成植被的垂直分布,随着海拔的变化,植被类型也会垂直变化,进而影响生态修复的植被选择。

坡向决定了地表不同部分接受光照并重新分配太阳辐射量的重要地形因子之一,是使局部地区产生气候特征差异的主要因素。坡向影响着山地的日照时数和太阳辐射强度。本节利用正弦函数和去量纲公式,把坡向朝南(即介于[90°,180°]、[180°,270°])的定位 0,坡向朝北(即介于[0°,90°]、[270°,360°])的定义为 1,认为坡向朝北的地方植被修复难度较坡向

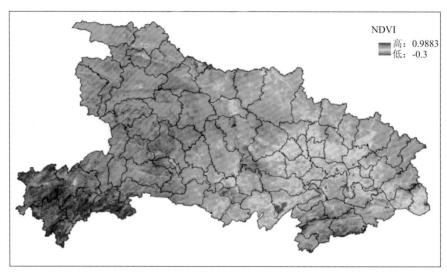

图 5.18　湖北省 2019 年 NDVI 空间分布

朝南要大。

　　坡度表示地表单元陡缓的程度,可分为缓坡(＜15°)、中等坡(15°～45°)、陡坡(45°～90°)、倒坡(＞90°)等。不同坡度对应的生态修复难度不同,坡度越陡,生态修复难度越大。通过地理信息数字高程模型(DEM)数据,提取湖北省范围内的海拔、坡度、坡向信息(图 5.19)。

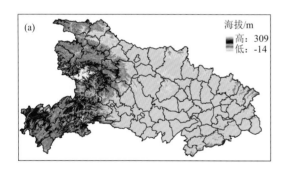

图 5.19　湖北省海拔(a)、坡向(b)、坡度(c)分布

（5）风能资源指标

本书选取了离地 70 m 高度的风速和风功率密度作为风能资源的两个指标。对风电开发来说，全省风能资源好的山区，风电场规划和建设会最为密集，道路开挖、基座建设等造成的生态破坏也最大，因此，认为风能资源越好，在权重指标中占比也越大。

本研究采用了中国气象局陆地风能资源的最新评估结果［全国风能资源高分辨率评估（2019）数据集］，即 70～150 m 高度水平分辨率 1 km 的 30 a 数值模拟数据，风资源结果如图 5.20 所示。

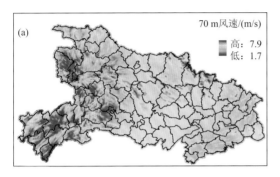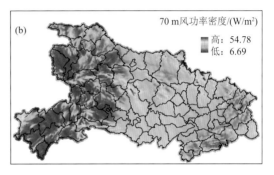

图 5.20　湖北省 70 m 高度风资源分布
(a)风速；(b)风功率密度

5.3.2.4　结果分析

根据建立的各区划指标及评价因子权重，通过运算，得到湖北省风电场生态修复综合区划结果（图 5.21）。将风电场生态修复综合区划等级分为四级，即易恢复区、较易恢复区、较难恢复区、难恢复区。

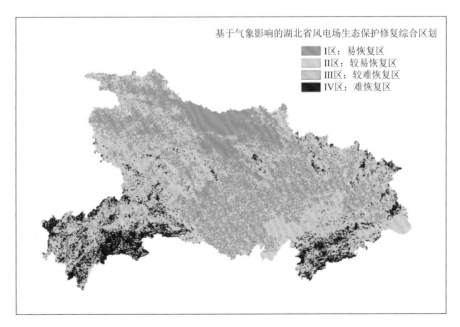

图 5.21　湖北省风电场生态修复综合区划结果

（1）易恢复区

从图 5.21 中可以看到,易恢复区主要分布在江汉平原大部、襄阳中部的岗地平原、鄂东的浠水、蕲春、团风等地。上述地区基本处在平原地带,区域人口密度大,城镇集中,经济较发达。气候条件方面,上述地区降水充沛、气温温和。土壤利用类型方面,上述区域主要是农田和水体,根据湖北省生态保护红线的相关要求,目前为止,上述区域只能在有限的地方建设风电场,基本不会对当地生态造成破坏,因此属于易恢复区。

（2）较易恢复区

该区域主要分布在鄂东南、鄂西北部分丘陵地区,年平均气温较高,其中鄂东南降水丰富,土地类型以农田、草地为主,土壤的降雨侵蚀力水平在全省处于中等,且该区域风资源条件一般,目前为止风电开发规模不大。

（3）较难恢复区

该区域主要分布在鄂东北的大别山区、鄂东南幕府山区、鄂北桐柏山区、大洪山、鄂西南恩施大部区域,上述区域内,地貌基本以中低山地为主。土壤降雨侵蚀力较大,水土流失严重,且大多处于湖北省风能资源最为丰富的"三带一区"(枣阳—英山中北部风带、荆门—荆州南北向风带、部分湖岛及沿湖地带、鄂西南和鄂东南部分高山地区)内,已投产或正在进行风电开发建设的项目大多集中在此处。由于上述区域多集中在山区,年降雨分布不均且夏季强降雨集中,山地气温随着海拔的升高普遍较平原地区偏低。在风电场建设过程中,地表植被破坏后,恢复难度大。

（4）难恢复区

主要分布在湖北省部分中高山地区,包括鄂西南武陵山地的利川、来凤、宣恩、鹤峰等地,鄂东南幕阜山系的通山、崇阳、通城等地,鄂东北大别山系的英山、罗田等地及大洪山、神农架部分区域。上述区域的地理特点是海拔高、气温低,年降雨量大,其中鄂西南和鄂东南、大别山区是湖北省降雨最多的三个区域。上述区域由于降雨侵蚀力造成的水土流失也最为严重。从风能资源方面看,上述区域风资源条件好,是风电企业重点关注和开发的区域,虽然植被覆盖较高,但地处高山、中高山,生态系统较为脆弱,一旦风电场开发建设破坏了当地植被,恢复难度较大。

第 6 章
风能太阳能资源评价和预测

6.1 风能太阳能资源年景评价

6.1.1 评价方法和资料

6.1.1.1 所用资料

风能资源年景评价所用资料：

(1)测风塔观测资料：收集风电场资源评估或功率预报用的测风塔资料，包括测风塔各层 5 min 风速观测资料；

(2)气象观测站风速观测资料：收集评估区域内所用国家气象站近 20 a 地面 10 m 高度的平均风速观测资料；

(3)MERRA-2 再分析资料：收集 MERRA-2 气象再分析格点资料。MERRA-2 时间分辨率为 1 h，水平空间分辨率为 1/2 纬度和 2/3 经度，垂直向上分为 72 层，可提取与轮毂高度较为接近的离地 50 m 高度的数据资料；

(4)中国气象局数值模拟资料：采用中国气象局全国陆地风能资源的最新评估结果[全国风能资源高分辨率评估(2018)数据集]，该模拟数据包括垂直高度上包括间隔 10 m 的 70～150 m、水平分辨率为 1 km×1 km 的 30 a 平均风速。

太阳能资源年景评价所用资料：

(1)卫星云量观测资料：MODIS 从 0.4 μm(可见光)到 14.4 μm(热红外)全光谱覆盖，其最大空间分辨率可达 250 m，采用 MOD06_L2 卫星遥感云量资料，每日上午、下午两次过境观测；

(2)ERA-5 高分辨率再分析资料：收集欧洲中期天气预报中心(ECWMF)提供的 ERA-5 高分辨率再分析辐射资料，水平分辨率为 0.125°×0.125°，时段为自 1979 年更新至今；

(3)气象观测站日照资料：评估区域内所用国家级气象台站近 20 a 日照观测资料；

(4)辐射站辐射观测资料：评估区域内有辐射观测的测站观测资料。

6.1.1.2 相关方法

(1)风能资源年景评价所用方法

①10 m 高度风资源评估

主要采用地面气象站 10 m 高度风速，先将区域内所有台站的 10 m 高度风速进行插值(双线性插值或克里金插值)，获得格点化的风速，然后对格点数据求平均，获得区域平均的逐月或全年平均风速。

绘制近 20 年区域平均的 10 m 高度平均风速年际变化图，分析所评估年份(2020 年)的值与前 19 年(2000—2019 年)平均值的距平百分率，评判评估年份的 10 m 高度风资源年景。

②70～140 m 高度风资源评估

(a)若评估区域内当年有测风塔观测，则搜集该区域内所有测风塔数据，并计算不同高度层平均风速。测风塔如有 70～140 m 高度风速观测，直接用此结果，如无规定高度观测，则通过风切变指数推算到所需高度层风速。

在中性大气层结下，对数和幂指数方程都可以较好地描述风速的垂直廓线，我国新修订的《建筑结构荷载规范》(GB 50009—2012)推荐使用幂指数公式。其表达式为：

$$V_2 = V_1 \left(\frac{Z_2}{Z_1} \right)^\alpha \tag{6.1}$$

式中：V_2 为高度 Z_2 处的风速(m/s)；V_1 为高度 Z_1 处的风速(m/s)，Z_1 取 10 m 高度；α 为风切变指数，其值的大小表明了风速垂直切变的强度。

同时，需评估测风塔长年代风速年景。

探空资料可以较好撤除地面观测站受周边环境等变化而造成的风速减少。搜集该区域内或周边距离较近、地形特征类似、有探空风观测的测站探空风速资料。选定距离下垫面较近的观测高度层(如 500 m)，计算近 20 年(含观测年)的该高度层年平均风速。与需评估的时段评价风速进行对比，得到长年代风速。

将区域内所有测风塔相同高度长年代平均风速进行插值，获得格点化的风速，然后对格点数据求平均，获得区域长年的平均的逐月或全年平均风速。

将相同高度层观测年风速减去长年平均风速，得到距平百分率，评判评估年份的不同高度风资源年景。

(b)若评估区域内无测风塔观测，搜集该区域内近 20 年的 MERRA-2 再分析资料，提取 50 m 高度小时风速资料，进行计算得到格点的年平均风速。

将区域内所有格点风速进行插值，得到区域 50 m 高度长年(2000—2019 年)、评估年(2020 年)平均风速。

提取中国气象局全国陆地风能资源高分辨率评估数据集中待评估区域的平均风速。得到区域内 70～140 m 不同高度长年代平均风速。通过比值法得到区域内 70～140 m 不同高度观测年平均风速。

$$V_i = \frac{V_{i\text{-avg}}}{V_{50\text{-avg}}} \times V_{50} \tag{6.2}$$

式中：V_i 为第 i 层评估年平均风速；$V_{i\text{-avg}}$ 为第 i 层长年代平均风速；$V_{50\text{-avg}}$ 为 50 m 高度长年代平均风速；V_{50} 为 50 m 高度评估年平均风速。

在得到某一高度观测年风速及近 20 a 平均风速的基础上，计算区域内风速年景变化幅度：

$$V_{\text{ap}} = \frac{(V_1 - V_{\text{avg}})}{V_{\text{avg}}} \times 100\% \tag{6.3}$$

式中：V_{ap} 为某评估年份的风速距平百分率，单位为百分号(%)；V_1 为评估年份的平均风速；V_{avg} 为近 20 年的年平均风速。

绘制区域内年平均风速距平百分率空间分布图，分析风资源年景变化的空间分布特征。给出评估区域内下一级行政区域的平均距平百分率的排序，分析各行政区域的风资源年景变化。

（2）太阳能资源年景评价所用方法

①日照时数

主要采用地面气象站日照观测，先将区域内所有台站的日照进行插值，获得格点化的数据，然后对格点数据求平均，获得区域平均的逐月或全年平均日照时数。

绘制近 20 年区域平均的年日照时数年际变化图，分析所评估年份（2020 年）的值与多年（2000—2019 年）平均值的距平百分率，评判评估年份的日照时数年景。

②水平面总辐射计算

有以下三种方法。

（a）基于地面气象台站日照时数的统计反演。

$$Q = Q_0 (a + bx) \qquad (6.4)$$

式中：Q 为太阳总辐射；Q_0 为总辐射初始值；x 为日照百分率；a、b 为回归系数。

将逐月水平面总辐照量累加，获得全年水平面总辐照量。

（b）基于卫星遥感观测资料的统计反演

云量反演法，利用卫星遥感资料反演得到云对太阳辐射的影响因子（可以是云量，也可以是由云量派生出的其他因子），根据气候学方法计算到达地面的太阳辐射。

（c）基于再分析资料订正计算

收集 ERA-5 辐射资料（surface solar radiation downwards），水平分辨率为 $0.125° \times 0.125°$。建立观测总辐射与再分析资料总辐射之间的关系模型，对再分析资料进行订正。

③计算区域内太阳能年景变化幅度

$$\mathrm{GHR_{ap}} = \frac{(\mathrm{GHR_1} - \mathrm{GHR_{avg20}})}{\mathrm{GHR_{avg20}}} \times 100\% \qquad (6.5)$$

式中：$\mathrm{GHR_{ap}}$ 为某评估年份的水平面总辐射距平百分率（%）；$\mathrm{GHR_1}$ 为评估年份的水平面总辐射；$\mathrm{GHR_{avg20}}$ 为近 20 年的水平面总辐射年平均值。

绘制区域内年水平面总辐照量距平百分率空间分布图，分析太阳能资源年景变化的空间分布特征。

给出评估区域内下一级行政区域的平均距平百分率的排序，分析各行政区域的太阳能资源年景变化。

6.1.2 年景评价案例

根据以上方面，评估湖北省 2020 年度风能太阳能资源年景，结果如下。

6.1.2.1 风能资源

（1）10 m 高度风速

利用湖北省境内 76 个气象台站 2000—2020 年地面观测资料，统计分析地面 10 m 高度的风速特征，得到以下结论：

2020 年，湖北地面 10 m 高度年平均风速为 1.8 m/s，较多年（2000—2019 年）均值 1.7 m/s 偏大 0.1 m/s（图 6.1）。

从地域分布看，10 m 高度，全省风速大值区分布在襄阳、荆门、鄂北的随州、江汉平原东

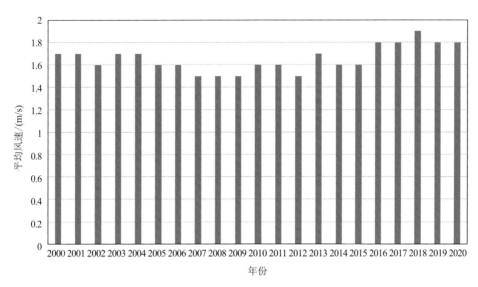

图 6.1　湖北省 2000—2020 年地面 10 m 高度年平均风速

部等地，其中，荆门、襄阳、大悟三地的平均风速超过 3 m/s，年平均风速大于 2.5 m/s 的地区有武穴、钟祥、鄂州、广水等地（图 6.2）。

从风速距平看，10 m 高度，与常年相比，有 56 个县（市、区）年平均风速偏大，其中大悟、鄂州、广水、鹤峰、黄梅、来凤、罗田、蕲春、新洲、兴山、宣恩、宜昌、宜都、郧西、长阳、竹山、竹溪等地偏大 30% 以上；有 25 个县（市、区）年平均风速偏小，其中公安、汉川、五峰、应城、云梦偏小 20% 以上；赤壁、大冶、黄冈、江夏、京山、沙洋、武汉、枣阳、枝江等地平均风速与常年接近（距平百分率在 −5%～5%）（图 6.3）。

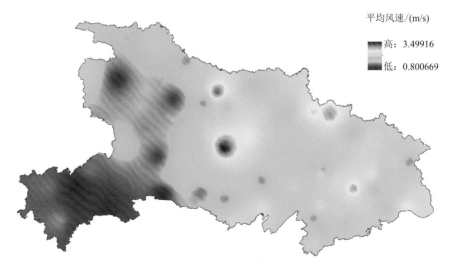

图 6.2　湖北省 2020 年地面 10 m 高度年平均风速分布

图 6.3　湖北省 2020 年地面 10 m 高度年平均风速距平

(2)70 m 高度风速

①2020 年 70 m 高度年平均风速

2020 湖北省地面 70 m 高度年平均风速为 4.1 m/s。从空间分布看,风速大值区分布在鄂北的孝感、随州以及江汉平原的武汉、天门、荆州、荆门、仙桃及南漳、利川等地,上述区域风速普遍在 5.0 m/s 以上,部分区域达到 6.0 m/s 以上。风速低值区在鄂西南、三峡河谷、神农架、竹溪等地(图 6.4)。

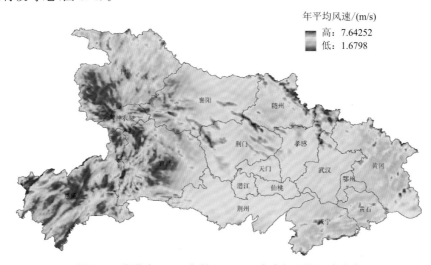

图 6.4　湖北省 2020 年地面 70 m 高度年平均风速分布

②2020 年 70 m 高度年平均风速年景评估

从近 20 a(2000—2020 年)湖北省地面 70 m 高度年平均风速情况看,2020 年平均风速与常年(2000—2019 年累年均值)基本持平,属风速正常年景(图 6.5)。

就全省空间分布看,除鄂西南的恩施地区,鄂西北郧西县和鄂东南的咸宁、黄石南部边缘地带外,2020 年湖北省其他地区 70 m 高度年平均风速均较常年偏小。恩施大部分地区较常年偏大

$0.1\sim0.2$ m/s。鄂中北随县、枣阳、安陆、广水、大悟等地较常年偏小约 0.3 m/s(图 6.6,图 6.7)。

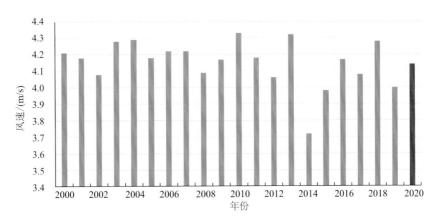

图 6.5 湖北省 2000—2020 年 70 m 高度年平均风速

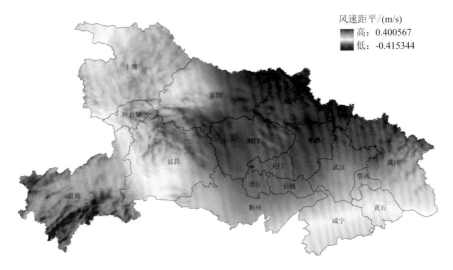

图 6.6 湖北省 2020 年地面 70 m 高度年平均风速距平

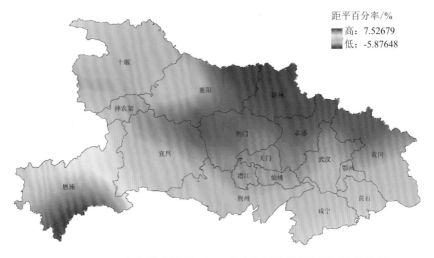

图 6.7 2020 年湖北省地面 70 m 高度年平均风速距平百分率分布

就全省不同地市风速变化看,70 m 高度风速较常年偏小最多的地区是随州、孝感、荆门三地,分别较常年偏小 0.23 m/s、0.19 m/s、0.17 m/s。只有恩施州 70 m 高度风速较常年偏大,约 0.13 m/s(图 6.8)。

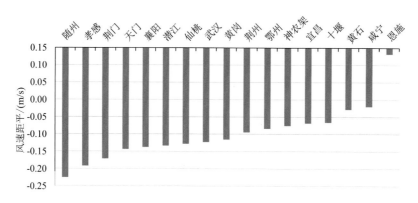

图 6.8 湖北省 2020 年不同地区 70 m 高度年平均风速距平

(3)120 m 高度风速

①2020 年 120 m 高度年平均风速

2020 年,湖北省地面 120 m 高度年平均风速在 2.0～7.9 m/s,整体平均风速为 4.6 m/s。从空间分布看,风速大值区分布在鄂北的广水、大悟、孝昌、安陆及荆门、钟祥、利川等地,上述区域风速普遍在 5.5 m/s 以上。风速低值区在鄂西南、神农架、竹溪、宜昌等地(图 6.9)。

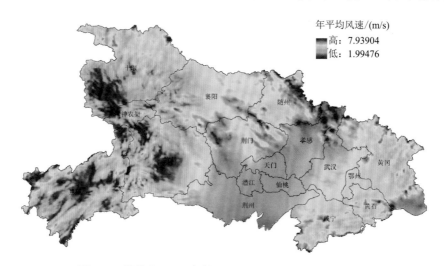

图 6.9 湖北省 2020 年地面 120 m 高度年平均风速分布

②2020 年 120 m 高度年平均风速年景评估

从近 20 a(2000—2020 年)湖北省地面 120 m 高度年平均风速情况看,2020 年与常年基本持平,属风速正常年景(图 6.10)。

就全省空间分布看,鄂北随州地区和江汉平原南部属于风速偏小较多区域,其中枣阳、随县、广水、大悟等地较常年偏小 0.3 m/s 左右,较常年偏小约 5%;恩施州的来凤县较常年偏大最多,约为 7%;巴东、五峰、通城、崇阳、通山、阳新等地风速较常年风速变化不大(图 6.11)。

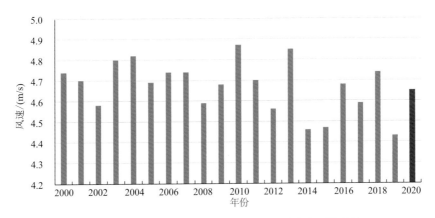

图 6.10 湖北省 2000—2020 年 120 m 高度年平均风速

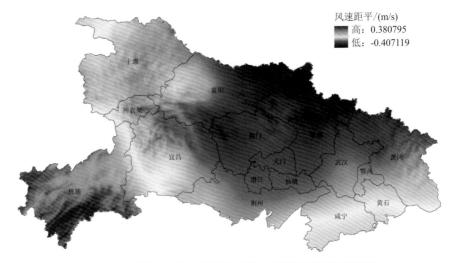

图 6.11 湖北省 2020 年地面 120 m 高度年平均风速距平

就全省不同地市风速变化看,120 m 高度风速较常年偏小最多的地区仍是随州、孝感、荆门三地,分别较常年偏小 0.26 m/s、0.22 m/s、0.19 m/s。黄石、咸宁风速较常年基本不变。只有恩施州 120 m 高度风速较常年偏多,约 0.15 m/s(图 6.12)。

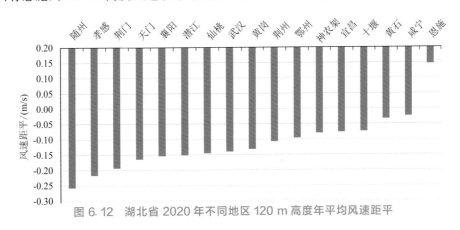

图 6.12 湖北省 2020 年不同地区 120 m 高度年平均风速距平

6.1.2.2　太阳能资源

（1）年日照时数

湖北近 20 a（2000—2020 年）年平均日照时数总体呈波动变化趋势，如图 6.13 所示。2020 年湖北省整体年平均日照时数为 1486.5 h，较多年平均的（1654.8 h）偏少近 170 h，为近 20 a 日照时数最少的一年。近 20 a 日照时数最大值出现在 2013 年，为 1948.7 h。

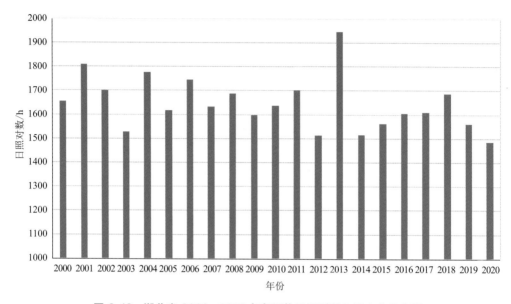

图 6.13　湖北省 2000—2020 年年平均日照时数年际变化直方图

2020 年，湖北省年平均日照时数东西部差异较大，如图 6.14 所示。其中，鄂中东部的武汉、黄石、麻城一带年平均日照时数最高，最高可达 1828.5 h（麻城）；鄂西南的恩施地区年平均日照时数最低，最低为 899.8 h（咸丰）。

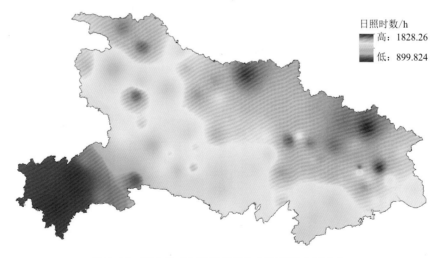

图 6.14　湖北省 2020 年年平均日照时数空间分布

从距平分布看,除三峡河谷两侧(宜昌、长阳、巴东等地)及神农架地区、襄荆通道(枣阳、荆门等地)较常年偏高外,其余大部分地区均比常年偏低,鄂西南恩施地区、鄂西北十堰、鄂东的蕲春、黄梅等地较常年偏低20%以上(图6.15)。

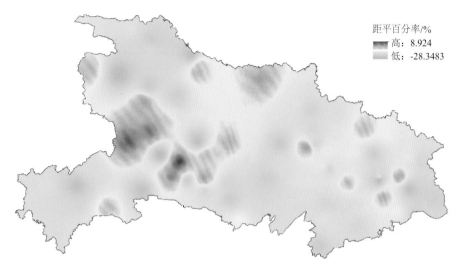

图 6.15　湖北省 2020 年年日照距平百分率分布

(2)年太阳辐射

湖北省太阳能资源区域性差异较大,2020 年水平面总辐射平均为 3620.6 MJ/m²,总辐射最高值出现在鄂北部的襄州、枣阳、随州一带,最高为 4504.6 MJ/m²;最低值出现在鄂西南的恩施地区,为 2736.5 MJ/m²,如图 6.16 所示。宜昌地区年水平面总辐射量平均值与全省平均值较为接近,为 3771.0 MJ/m²。鄂东地区年平均总辐射量为 3959.0~4181.7 MJ/m²。

图 6.16　湖北省 2020 年年平均总辐射空间分布

2020 年湖北省年平均总辐射量与近 20 a(2000—2019 年)平均值相比明显偏小,整体较常年平均偏少 457.9 MJ/m²(约 9%)。其中鄂西南地区偏少最多(在 11% 以上),鄂西北偏少较少(图 6.17—图 6.19)。

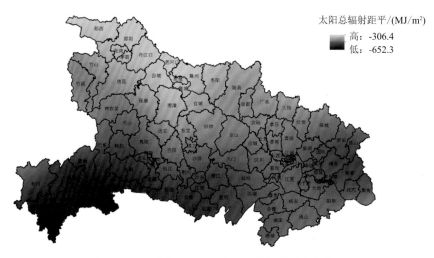

图 6.17　湖北省 2020 年水平面总辐射较常年差异

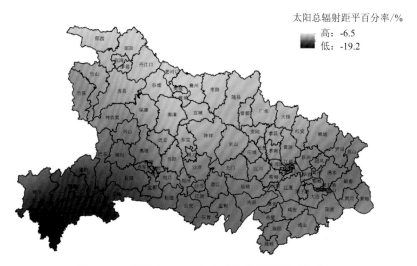

图 6.18　湖北省 2020 年年平均总辐射距平百分率

6.1.2.3　年景评价结论

(1)2020 年湖北省风能、太阳能资源总体状况是:风能资源较常年变化不大,属风速正常年景;太阳能资源较常年明显偏少,其中日照较常年偏少近 170 h,水平面总辐射偏少约 9%。

(2)风能资源方面,2020 年湖北省 70 m 高度平均风速为 4.1 m/s,与常年基本持平。120 m 高度平均风速为 4.6 m/s,也与常年基本持平。从区域分布看,除鄂西南的恩施地区、鄂西北郧西县和鄂东南的咸宁、黄石南部边缘外,2020 年湖北省其他地区 70 m 高度年平均

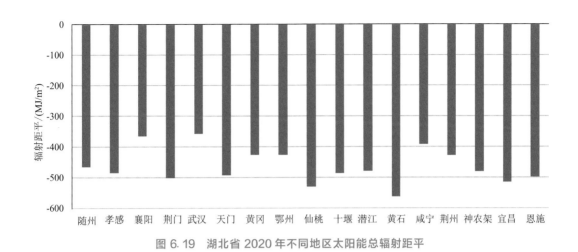

图 6.19　湖北省 2020 年不同地区太阳能总辐射距平

风速均较常年偏小,其中鄂中北随县、枣阳、安陆、广水、大悟等地较常年偏小约 0.3 m/s。

(3)太阳能资源方面,2020 年湖北省平均年总辐射量为 3620.6 MJ/m²,较常年明显偏少。其中鄂西南地区偏少最多(在 11% 以上),鄂西北偏少较少。

6.2　风能太阳能资源预测

6.2.1　风光资源短期预测

风能太阳能资源短期预测的开展是基于中国气象局风能太阳能气象预报系统 CMA-WSP1.0 输出的气象要素制作而成的省级风能太阳能短期预报产品。该产品包括中国区域边界层分层地表温度、地面气压、云量、降水量、降雪量、地表的感热通量、地表的潜热通量、地表向下长波辐射通量、地表向下短波辐射通量、2 m 温度、2 m 比湿等地面层气象要素以及近地不同高度层的风速、风向、温度等气象要素,时间分辨率为 15 min,空间分辨率为 9 km,预报时效为 126 h。进一步利用地面辐射、风速等实时观测数据对该风能太阳能预报产品进行检验订正,制作出湖北省风能太阳能 1~5 d 的短期气候资源预测产品。

以湖北省 2022 年 1 月 13—16 日风速、辐射预报产品为例进行说明。

6.2.1.1　100 m 风速预报

由图 6.20 可见:2022 年 1 月 13 日,全省风力发电气象条件较好。全省大部 100 m 高度风速在 3 m/s 以下,其中鄂西南风速较低,低于 6 m/s,中部风速较大,高于 7 m/s,鄂东地区风速较中部低,风速分布不均匀。

1 月 14 日,全省风力发电气象条件较差。其中西部大部分地区风速低于 3 m/s,中部大部风速介于 3~5 m/s,鄂东部分地区介于 6~8 m/s。

1 月 15 日,全省风力发电气象条件较差。其中鄂西北和鄂东部分地区风速介于 3~

5 m/s,其余地区风速普遍低于 3 m/s。

1月16日,全省风力发电气象条件良好。除鄂西南部分地区外,全省其他地区风速均高于 3 m/s,其中鄂西南和鄂东部分地区风速介于 3~5 m/s,江汉平原北部和鄂东北西部风速高于 7 m/s。

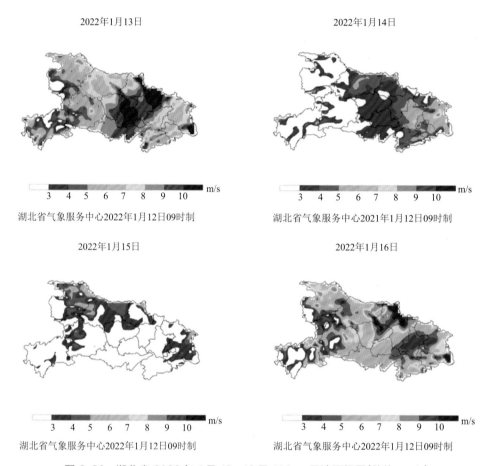

图 6.20　湖北省 2022 年 1 月 13—16 日 100 m 风速预报图(单位: m/s)

6.2.1.2　地面辐射量预报

由图 6.21 可见:2022 年 1 月 13 日,全省光伏发电气象条件良好。除恩施和竹山以外,全省大部分地区辐射量均在 10 MJ/m² 以上,鄂东南辐射量可达 16 MJ/m²。

1月14日,全省光伏发电气象条件较差。西部地区大部辐射量均在 6~12 MJ/m²,其余地区辐射量均低于 6 MJ/m²。

1月15日,全省光伏发电气象条件良好。除恩施和宜昌南部部分地区以外,全省大部分地区辐射量均在 14 MJ/m² 以上,鄂东南大部分地区辐射量均在 16 MJ/m² 以上。

1月16日,全省光伏发电气象条件较差。除鄂西北以外,全省辐射量均在 10 MJ/m² 以下,恩施、江汉平原和鄂东南部分地区辐射量均小于 6 MJ/m²。

6.2.1.3　湖北省各地平均风速和地面辐射量

湖北省各地平均风速、地面辐射量见表 6.1。风力发电气象条件等级见表 6.2。光伏发

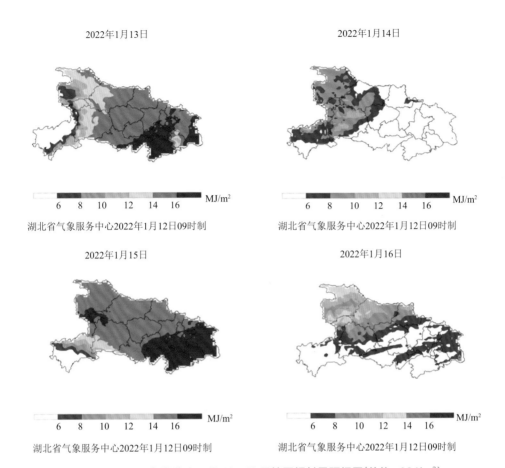

图 6.21 2022 年湖北省 1 月 13—16 日地面辐射量预报图(单位：MJ/m²)

电气象条件等级见表6.3。

表 6.1 湖北省各地平均风速、地面辐射量

市(州)	风速/(m/s)				太阳辐射/(MJ/m²)			
	13 日	等级	14 日	等级	13 日	等级	14 日	等级
武汉	8.73	3	5.38	2	16.04	3	3.16	1
襄阳	7.08	3	3.69	2	14.21	3	7.24	2
宜昌	5.50	2	2.52	1	13.00	3	8.27	2
十堰	5.20	2	2.57	1	11.04	3	8.29	2
荆门	8.99	3	3.36	2	15.04	3	5.41	2
随州	8.74	3	4.05	2	15.56	3	4.86	1
孝感	10.06	3	3.90	2	15.89	3	4.23	3
荆州	8.59	3	3.18	2	15.64	3	3.06	1
咸宁	7.50	3	4.21	2	16.37	3	2.71	1

续表

市(州)	风速/(m/s)				太阳辐射/(MJ/m²)			
	13 日	等级	14 日	等级	13 日	等级	14 日	等级
黄冈	8.19	3	4.90	2	15.99	3	3.93	1
黄石	7.05	3	4.76	2	14.72	3	3.43	1
鄂州	6.87	2	5.45	2	15.07	3	3.00	1
恩施	4.83	2	2.36	2	6.45	2	6.71	2
潜江	9.69	3	3.17	2	15.61	3	3.16	1
天门	10.23	3	3.45	2	15.70	3	3.27	1
仙桃	9.42	3	3.42	2	15.99	3	2.68	1
神农架	4.18	2	2.26	1	10.93	3	8.69	2

市(州)	风速/(m/s)				太阳辐射/(MJ/m²)			
	15 日	等级	16 日	等级	15 日	等级	16 日	等级
武汉	2.58	1	4.66	2	16.09	3	5.84	2
襄阳	3.66	2	6.71	2	15.61	3	9.94	2
宜昌	2.71	1	5.35	2	14.50	2	7.18	2
十堰	3.71	2	5.33	2	15.59	3	11.47	3
荆门	2.62	1	7.66	3	15.78	3	6.69	2
随州	3.44	2	9.81	3	15.67	3	8.47	2
孝感	2.56	1	7.22	3	15.91	3	5.99	2
荆州	1.95	1	5.88	2	15.73	3	5.50	2
咸宁	2.21	1	6.26	2	16.53	3	4.36	1
黄冈	3.16	2	6.75	2	16.18	3	6.81	2
黄石	3.08	2	6.13	2	16.53	3	5.55	2
鄂州	2.90	1	4.80	2	16.30	3	5.86	2
恩施	2.29	1	3.93	2	8.85	2	4.55	1
潜江	1.74	1	6.01	2	16.02	3	5.61	2
天门	2.23	1	6.60	2	15.99	3	5.77	2
仙桃	1.99	1	4.96	2	16.15	3	5.78	2
神农架	2.76	2	3.46	2	16.04	3	11.48	3

注:灰色为重点区域。

表 6.2　风力发电气象条件等级表

序号	等级	等级名称	离地 100 m 风速/(m/s)	覆冰情况
4	优	满发	10～22 *	无
3	良	高发	7～10	无
2	一般	低发	3～7	叶片轻度覆冰
1	差	零发	<3(尚未启动)≥22(风机切出) *	叶片严重覆冰

注：* 为切出风速,根据不同风机型号,该项取值为 20～25 m/s 不等。

表 6.3　光伏发电气象条件等级表

序号	等级	等级名称	水平面日总辐射/(MJ/m²)		积雪情况
			冬半年(10—3月)	夏半年(4—9月)	
4	优	极高发	≥25	≥30	
3	良	高发	10～25	15～30	光伏板表面积雪,
2	一般	低发	5～10	10～15	至少降 1 级
1	差	极低发	<5	<10	

6.2.2　风光资源中长期预测

风能太阳能资源中长期预测是利用多个全球气候系统模式驱动区域气候模式,基于统计或动力降尺度得到的不同气候变化情景下风能太阳能资源预测结果,进一步将模式结果进行对比、检验和订正,实现湖北省风能太阳能资源的月、季、半年、年际和年代际尺度的预测。同时,综合利用地面实况观测、再分析和卫星观测等多源数据的总辐射、云量、气温、降水、气压、湿度、风速和风向等气象要素,结合风电场、光伏电站的风、辐射观测数据,采用机器学习和统计方法建立风能太阳能统计预估预测模型,滚动预测风能太阳能资源及其技术可开发量的可能变化趋势,最后针对需求提供风速、风功率和地面辐射量等预测产品,为湖北省风能太阳能发展政策及实现碳中和的远景目标提供科学依据。

以 2021 年 7—12 月湖北省风能太阳能资源趋势预测产品为例进行说明。该产品主要采用了集合气候预测模式结果、辐射传输模型和数据订正等技术方法,在与多种地面观测、卫星观测及再分析数据进行对比分析、订正的基础上,给出了 2021 年 7—12 月湖北省风能太阳能资源的趋势预测结果。

6.2.2.1　风能资源趋势预测

(1)下半年总体预测

图 6.22 给出的是 2021 年 7—12 月湖北省预测 100 m 高度风速及偏差。根据预测结果,2021 年下半年 100 m 高度风速普遍在 2.0～6.9 m/s,整体呈现中东部风速大、鄂西风速小的分布特征,其中大值区位于荆州、孝感、潜江、仙桃、随州的部分区域,风速达 5.5 m/s,小值区域位于鄂西的恩施、十堰、宜昌、襄阳的部分区域,低于 3.5 m/s。与常年(2011—2020 年,下同)同期相比,鄂西北、鄂西南和东部部分区域偏小,其余区域普遍偏大,其中,十堰地区较常年偏小约 11%。咸宁、黄冈、荆州、潜江、仙桃、天门、荆门、随州、孝感区域较常年

偏大 5%～6%。

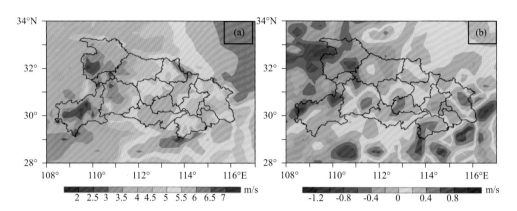

图 6.22　湖北省 2021 年 7—12 月 100 m 高度风速预测值(a)及偏差(b)(单位: m/s)

图 6.23 给出了 2021 年 7—12 月湖北省各地市 100 m 高度风速预测值及偏差。各市区域平均的结果与平面分布结果(图 6.22)一致,中部(随州、荆门、天门、潜江、仙桃、荆州和孝感)风速较大,普遍高于 5 m/s;东部次之,西部风速较低,低于 4.5 m/s。平均风速最高的是潜江,最低的是恩施。十堰、神农架、襄阳、恩施、鄂州和黄石与常年相比风速偏低,其他各市风速偏高,其中十堰风速偏低最大,约 11.1%,潜江风速偏高最大,约 6.7%。

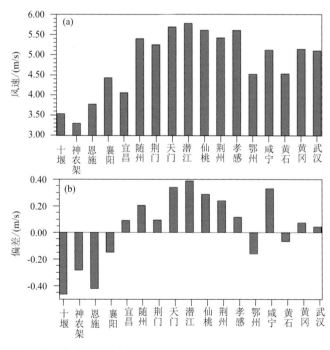

图 6.23　湖北省各市 2021 年 7—12 月 100 m 高度风速预测值(a)及偏差(b)

(2)月平均预测

图 6.24 给出的是 2021 年 7—12 月湖北省各月 100 m 风速预测结果。各月风速的大致分布均呈现中东部高、鄂西低的分布特征。鄂西风速介于 2～4 m/s,中部大值区风速可达

5.5 m/s 以上。各月比较来看,8 月湖北省风速相对较大,其大值区风速可达 6 m/s,大值区域包含荆州、天门、仙桃、荆门、孝感、随州等地部分区域。9 月风速相对较小。

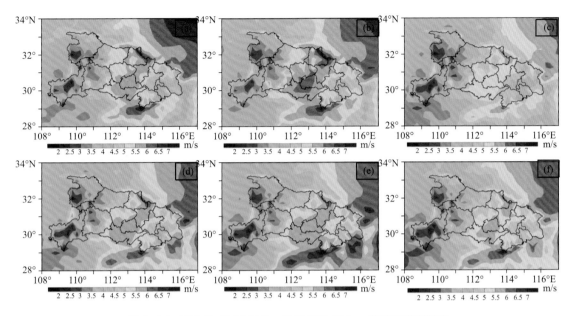

图 6.24　湖北省 2021 年 7—12 月各月 100 m 高度风速预测值
((a)—(f)分别为 7—12 月,下同。　单位: m/s)

图 6.25 给出的是 2021 年 7—12 月湖北省 100 m 高度月平均风速预测偏差。从各月风速偏差的分布来看,9 月预测风速整体偏低 8%,其他各月整体呈现的是中东部较常年偏大,西部部分区域较常年偏小。

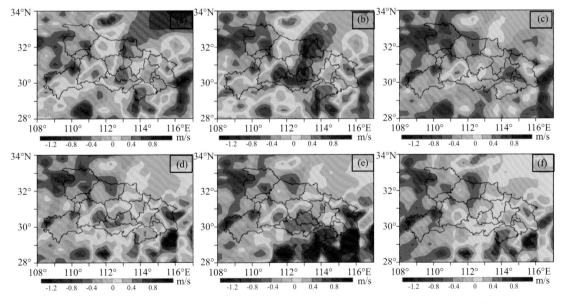

图 6.25　湖北省 2021 年 7—12 月 100 m 高度月平均风速预测偏差(单位: m/s)

2021年下半年100 m高度风速在2.0~6.9 m/s,整体呈现中东部风速高,鄂西风速低的分布特征,其中大值区位于荆州、孝感、潜江、仙桃、随州的部分区域,小值区域位于鄂西的恩施、十堰、宜昌、襄阳的部分区域。各月风速的大致分布均呈现中东部高、鄂西低的分布特征。各月比较看,8月湖北省风速相对较大,9月风速相对较小。与常年同期相比,下半年鄂西北、鄂西南和东部部分区域风速偏小,其余区域风速普遍偏大。其中,十堰地区较常年偏小约12%。咸宁、黄冈、荆州、潜江、仙桃、天门、荆门、随州、孝感区域较常年偏大约8%。从各月结果看,除9月外,各月均呈现中东部偏高、西部偏低的分布特征;9月预测风速整体偏小8%;8月较常年偏大约10%。

6.2.2.2 太阳能资源趋势预测

(1)下半年总体预测

预计2021年下半年湖北省水平面总辐射在2200~3000 MJ/m²,整体呈现东高西低的分布特征,大值区域位于东部的孝感、天门、潜江、仙桃、荆州、武汉、鄂州、咸宁、黄石和黄冈的部分区域,水平面总辐射超过2800 MJ/m²。极小值位于恩施西南部区域,水平面总辐射低于2300 MJ/m²(图6.26 a)。

与常年同期相比而言,2021年下半年太阳辐射整体偏大。其中鄂西南的恩施和宜昌部分区域偏大最多,比常年偏高约15%。其他区域偏差的分布呈现南高北低的特征(图6.26 b)。

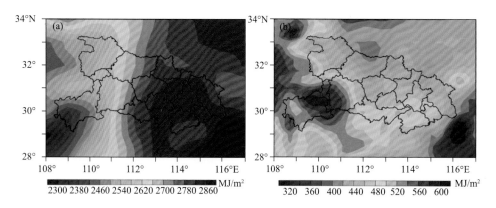

图6.26　湖北省2021年7—12月预测总辐射空间分布(a)及偏差分布(b)(单位:MJ/m²)

图6.27给出了2021年7—12月湖北省各市平均预测总辐射及偏差。由各市区域平均的结果可知,中东部地面辐射预测值普遍较大,均在2800 MJ/m²左右,西部辐射相对较弱,其中恩施最弱。与常年相比,各市下半年地面辐射均偏大,其中恩施偏大最多,约16%,其他各市偏大程度在11%~15%。

(2)月平均预测

图6.28给出的是2021年7—12月湖北省月平均太阳辐射预测结果。各月总的太阳辐射值在250~700 MJ/m²,其中7月、8月太阳辐射最强,12月最弱,均呈现东高西低的特征。7月份除了恩施南部,大部分地区高于500 MJ/m²;8月水平面总辐射均高于500 MJ/m²,其中鄂东南高于600 MJ/m²;9—10月全省普遍低于550 MJ/m²,9月略高;11月低于300 MJ/m²的区域只有鄂西的部分区域,到12月,西部大部分区域普遍低于300 MJ/m²。

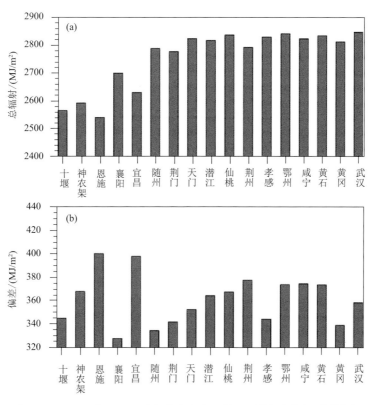

图 6.27 2021 年 7—12 月湖北省各市平均预测总辐射(a)及偏差(b)

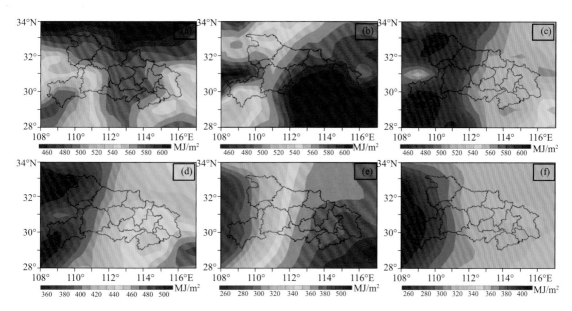

图 6.28 湖北省 2021 年 7—12 月月平均太阳辐射预测

((a)–(f)分别为 7—12 月,下同。 单位: MJ/m²)

图 6.29 是 2021 年 7—12 月湖北省月平均水平面总辐射预测偏差。比较预测结果与同期平均观测值可以看出,预测值较常年普遍偏大。预测值偏高较大的月份有 9 月、10 月,其西部恩施、异常部分区域偏大 25%~30%,其他各月偏高或者偏低的幅度相对较小。

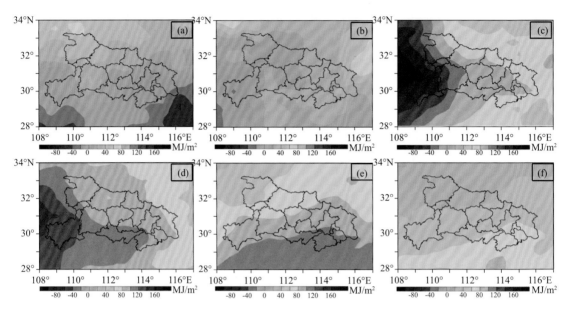

图 6.29　湖北省 2021 年 7—12 月月平均太阳辐射预测偏差(单位:MJ/m²)

2021 年下半年太阳能资源总体呈现东多西少的分布特征,大值区域位于荆州、潜江、仙桃、天门、孝感、武汉、黄石、黄冈、鄂州等地部分区域,低值区在鄂西南恩施地区。从各月预测结果看,8 月湖北省水平面太阳辐射最强,12 月最弱。与常年同期相比,2021 年下半年太阳辐射整体偏多,其中鄂西南的恩施和宜昌部分区域比常年偏高约 15%。各月分布表明,预测值偏多主要有 9 月、10 月,其恩施西部部分地区偏多 25%~30%,其他各月偏多或者偏少的幅度相对较小。

第 7 章
大规模风能太阳能资源开发利用气候效应评估

7.1 风能资源开发利用气候效应

7.1.1 研究背景

由于风力发电过程没有污染物的排放，一度被誉为"环保卫士"，但从发电原理上，风电机组捕获大气中的风能转化为电能，改变原有的下垫面条件，可能造成局地气象条件甚至气候的变化。基于"双碳"背景的电力系统中风电高占比情景预设，了解风机与大气的相互作用，研究大规模风电场不同时空尺度的气候效应，对评估新能源替代后减缓气候变化效果具有重要的意义。

自 20 世纪 70 年代以来，开始出现风电场的负面环境生态影响的报道，尤其集中在对视觉、噪声、电磁干扰和对鸟类的生态环境影响方面。进入 21 世纪后，能源安全和气候变化日益受到国际社会的关注，世界各地风电场数量增加、规模增大，大规模风电场对局地、区域乃至全球的气候影响的相关研究增多。国外的研究集中在美国、欧洲、加拿大等风电发展大国，随着国内风电的迅速发展，我国在 2010 年后清华大学、兰州大学、浙江大学等高校，科研院所和气象部门从现场观测、数值模拟等方法上对风电场局地气候效应进行了探索，研究集中在"三北"（东北、华北、西北）大型风电场的局地或区域气候影响研究。

7.1.2 评估方法

研究者采用多种方法探索风电场对气象要素或气候的影响评估，包括风洞实验、现场观测、遥感观测和数值模拟。风洞实验受实验条件的限制，仅适用于短期的单台或多台风机"尾流效应"分析。另外，由于风电场本身的观测数据难以获取，针对性地开展野外观测实验需要风电场的配合且观测经费高昂，往往只能收集到短期的观测数据，评估气候效应需要较长的资料。因此，遥感观测和数值模拟的方法应用最广，现场观测可作为数值模拟结果的重要检验手段。中国气象局预报与网络司 2020 年 11 月发布的《陆上大规模风电场对局地气候影响评估技术指南》中将气候效应评估的气象资料来源，分为了参证气象站资料、现场观测资料、卫星遥感资料和数值模拟输出资料。根据评估方法的差异，可分为基于观测资料的对比分析和基于试验的数值模拟。

7.1.2.1 观测资料的对比分析

参证气象站资料、现场观测资料及卫星遥感产品均可用于评估风电场的局地气候效应。基于观测资料中混杂着除风电场以外的影响因素，分离和提取风电场所产生的气候效应是评估的关键。考虑不同气象观测资料的特点，类比城市热岛效应、大型水电工程的气候效应评估方法，主要有两类方法用于提取风电场的局地气候效应：一种是参考点（区）对比法，另一种是数据序列重构法。观测对比法的基本思路是在去除观测资料中的其他影响因素后，构建两个时间序列：受风电场影响时段和不受风电场影响时段。具有风电场建成前后长时间序列的观测数据,一般分为风电场建成前和风电场建成后;对于实地观测资料由于时间较短,分为风电场运行时段和风电场停机时段。对比两个时间序列的气候要素差异,分析风电场对局地气候产生的影响。

(1)参考点(区)对比法

该方法可适用于气象观测站资料和遥感卫星资料,分别设置参考点(区)和对比点(区),应用的前提是参考点(区)处在风电场的内部或者影响较大的范围内,对比点(区)和参考点(区)具有相同或相似的区域背景气候条件和地理条件,一般选在远离风电场的邻近区域,两者的气候差异主要是由风电场的运行造成。

根据大量观测和研究结论,考虑风电机组对气候产生影响的机理,按照风电场的主导风向进行区域划分。风电场主导风向的上风方向或平行主导风向且远离风电场的观测点(区域)可视为不受风电场影响的对比点(区);风电场内部或主导风向下风方向的观测点(单个或多个)和区域则被选作受风电场影响的参考点(区)。对两个区域的气象观测资料要进行代表性和可比较性的分析,代表性的分析是指所用资料能够分别反映参考点(区)和对比点(区)的气候条件,可比较性是指在风电场建成前,参考点(区)和对比点(区)的气候要素值和变化趋势较为一致。

分析气候要素的时间序列趋势是否在风电场建成前、后发生显著性突变来定性说明风电场的影响,再通过对比风电场影响时段和不受风电场影响时段的要素差值量化风电场的效应。

(2)数据序列重构法

第二种方法常用于遥感卫星资料,采用数据处理的方法进行滤波,如经验正交函数分析法(Empirical Orthogonal Function,EOF)或区域距平法。

对于时间序列较长的数据,常用 EOF 法研究气候变化的空间格局和时间变化趋势,通过 EOF 法处理后可分解为不同空间变量(如 EOF 模型)和时间变量(如 EOF 时间序列)。例如,利用 EOF 分析法对夜间的卫星遥感反演的地表温度数据进行分解,并给出每个模态的"重要性"度量,前几个模态贡献了方差的主要部分,代表大尺度的自然变化,因此可以与其对应的时间序列共同重建不受风电场影响的观测数据。

区域距平法则用时间序列较短的数据,例如,从研究区域的所有像元点生成一个区域平均值,各点的要素值减去区域平均值得到的各个像元点的区域距平值,强调各点的空间变异,尽量去除气候自然变率的影响后,再进行风电场建成前后的比较,在较大程度上即是风电场产生的局地气候效应。

对于包含多个像元的遥感资料,既能分析区域平均值的时间序列趋势变化,也可通过气候要素的空间变化特征与风机布设的耦合性来判断风电场局地气候效应。

7.1.2.2　数值模拟的对比试验

风电场对气象或气候的影响通常用数值试验的天气和气候模型来量化。试验通常包括一个控制试验和一组敏感性试验,即用有无风电场情形下的模型模拟对比的差异评估风电场的影响。目前从中、小尺度开展了不同精度的模拟,小尺度主要是通过大涡模拟(LES)和流体力学实验(CFD)开展研究,能将模拟分辨率降至数十米,精细地观察到风机运行引起的大气要素变化,但由于计算量巨大,花费时间长,较少用于长期的气候效应评估;中尺度模式则更适用于大规模、长时间的气候效应评估,在数值模型中,风电场参数化主要有两种方式:(1)粗糙度长度的增加;(2)动量汇和湍流动能(TKE)源的增加。它们都是以物理学为基础的,但复杂程度不同。

（1）修改地表粗糙度长度

早期的数值模拟研究大多通过增加地表动力学粗糙长度的方式对风机气候效应进行数值参数化,模拟结果在一定程度上可以再现地表风速减弱、表面潜热通量增加、2 m气温升高等特征。这种方法的物理模型是将风电场视为一个障碍物,减慢了风速,因此风电场参数化即增加了地表粗糙度,产生强大的摩擦阻力,降低风速。

地表粗糙度估算的方法主要有以下几种:用最小二乘法拟合对数风廓线法、与粗糙元高度的相关法、风速指数法、表面曳力系数法、风速标准差法、数值模式中用到的面积平均法、土地类型划分法等。近年,还出现了一系列利用雷达、激光雷达来估计大面积区域粗糙度的方法,还有学者利用单层三维超声风速仪的观测结果来估算粗糙度。

（2）风电场参数化方法

考虑风电机组的动力学特征而提出的风电场参数化方案中,将风电场视为大气动量的汇和湍流动能产生的源,考虑了风力机运行的机械及发电损失,利用动量变化量来量化湍流动能(TKE)。将该模型应用于WRF模式中模拟了理想风电场的尾流以及风电场内部的平均流速。

在大涡模拟和观测资料分析基础上,通过动量汇和湍流源对风机发电和叶轮扫风扰动物理过程进行显式的数值参数化,为定量开展风电场气候效应的数值模拟工作奠定了基础。Fitch风机模型主要通过风机推力系数(平均风速的函数)对每个格点处风机从大气中提取的动能进行解析计算,借助水平风速趋势项实现对水平风速、平均动量和湍流动能等物理要素的传递。Fitch模型对置入一个或多个风机的每个模式格点的能量进行计算,包括风机的逐个垂直层、逐个格点上的动能变化量和风速变化量,将大气中的动能转化为电能和湍流动能,将Fitch风机模型与MYNN方案结合,可实现对风电场风场及不同要素的模拟。现阶段,Fitch模块是模式模拟风电场气候效应的主要手段。

7.1.2.3 《陆上大规模风电场对局地气候影响评估技术指南》中的评估方案

基于以上两种方法,以"对比"为关键论证思路,根据风电场周边可使用的气象数据,提出具体的四种评估方案:参证气象站分析法、现场观测法、卫星遥感分析法及数值模拟分析法,如表7.1所示,详细给出了不同评估方案中的评估要素,对比时、空的划分方法。这项工作已形成《陆上大规模风电场对局地气候影响评估技术指南》,由中国气象局预报与网络司发布实施。

表 7.1　不同评估方案的评估内容

论证方案	可论证的局地气候要素	对比情景	对比区空间划分方式
参证气象站分析法	温度、土壤温度、蒸发量、风速、风向、降水、地表温度、土壤温湿度等	风电场建成前—建成后 风电场影响区—对比区	距离风电场距离不超过5 km,距离最近一台风机距离不小于200 m
现场观测法	温度、土壤温度、蒸发量、风速、风向、降水、地表温度、土壤温湿度等	风电场运行时段—非运行时段 风电场内—风电场外 风电场盛行风向上下游	

续表

论证方案	可论证的局地气候要素	对比情景	对比区空间划分方式
卫星遥感分析法	地表温度、NDVI	风电场建成前—建成后 风电场影响区—对比区	距离最近一台风机的 距离在6～9个格点间
数值模拟分析法	风速、风向、温度、湿度、降水量、蒸发量、土壤温湿度、感热通量、潜热通量等	有风电场—无风电场	—

7.1.3　主要研究结果

7.1.3.1　气温

采用现场观测、遥感卫星数据能够检测到风电场的近地表温度顺着主导风向，产生日周期性或季节性的变化，采用数据模拟的方法得的结果与观测结果具有较好的一致性，并主要从垂直方向阐释了风电场对温度的影响。

Roy 等（2004）分析了美国加利福尼亚州某风电场上风向、下风向两个测风塔1989年6月18日—8月9日的温度资料，结果表明，测风塔上、下风方向逐时的温度差明显，凌晨（01—07时）下风方向温度相对较高，下午和夜间（13—21时）下风方向温度较低，这项研究的观测数据时间较短，仅仅只是分析了风电场运行时上、下风向逐时的气温差异，并不能有效说明是风电场的影响，但研究者同时使用RAMS区域模式模拟一个7列×3行风机矩阵的小型风电场，在不同的温度垂直梯度下设置了306组模拟试验，如图7.1所示，模拟结果显示在300 m以下，风电场在负的气温直减率下产生降温效应，在正的气温直减率大部分产生增温效应，实测温度的分析结果较好的支持模拟的结论。Armstrong 等（2016）在苏格兰某泥地风电场内部和下风方向布设了多个温度和湿度的观测点位，并严格挑选了风机运行和风机停机时的可用于对比的数据，采用区域距平法尽量消除日、季节变化的影响后，分析表明，运行的风机附近气温相对提高了0.18 ℃。Rajewski 等（2013）测量了美国中部一个风电场的空气温度、表面通量和其他变量，观察到在风电场下风方向9 m高度处，白天有小幅降温（<0.75 ℃），晚上有一个强烈的升温（高达1.5 ℃）。在内蒙古的朱日和风电场，在研究区范围内平行于风向布设4个HOBO自动气象站，上、下风向各1个，风电场内部设置2个。观测结果显示白天风电场对风场内及下风向处产生一定的降温增湿作用，风电场内部和下风向气温分别下降了0.7％、1.2％和1.6％；夜间反之，风电场内部整体上表现为气温升高，风电场对气温的影响程度随着观测环境温度的升高而减小。

卫星遥感产品用大面积的空间细节来探测和量化风电场的影响。Zhou 等（2012）利用2003—2011年（其中2003—2005年代表风电场建成前的年份，2009—2011年代表风电场建成后的年份）分辨率为1 km的MODIS的陆表温度（LST）产品数据，首次提出了美国德克萨斯州中西部大型风电场的陆表温度影响，风电场建成后夜间的LST有变暖趋势，白天没有明显变化趋势，夜间的变暖趋势以时间序列的形式（图7.2）和空间分布的形式（图7.3）得到很好的呈现。图7.2显示在研究时段2003—2011年期间的夏季和冬季的LST分别以

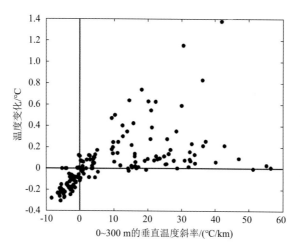

**图 7.1　采用 RAMS 模拟风电场在不同气温倾斜率下对 300 m 以下
温度造成的变化散点图(Roy et al.，2004)**

0.72 ℃/(10 a)和 0.46 ℃/(10 a)的趋势增加,与运行的风机数量随时间增加较一致;图 7.3
显示了去除背景 LST 的变化后风电场建成后减去建成前的 LST 差值空间分布,变暖的空
间范围与风机的布局的地理位置耦合良好。Slawsky 等(2015)利用 MODIS 的 LST 数据研
究表明,冬季夜间陆表温度的增暖效应与背景风速较大有关,夏季夜间较强的浅层逆温使得
风机布局与变暖信号耦合好。其他一些观测结果也证实了风电场对地表温度有类似的影
响,仅有 Moravec 等(2018)对捷克某风电场自动站 5 个月观测结果未检测到地表温度有显
著的变化规律。

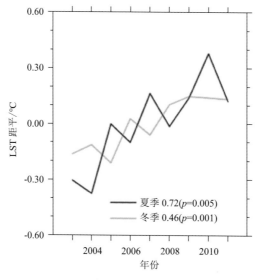

**图 7.2　2003—2011 年期间 6—8 月(夏季)和 12—2 月(冬季)MODIS 夜间 LST 差异
(风电场像元点减去无风电场像元点)的时间序列变化图(Zhou et al.，2012)**

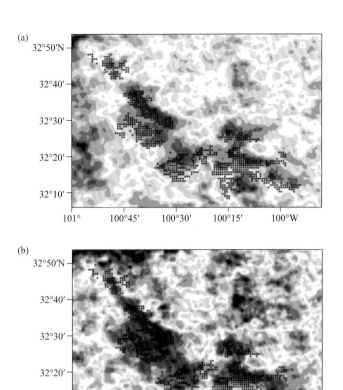

图 7.3　2003—2011 年期间风电场运行后夏季夜间 LST 与运行前的差异图(单位：℃)(Zhou et al.，2012)

(a)2009—2011 年平均值减去 2003—2005 年平均值；

(b)2010 年平均值减去 2003 年平均值，黑点表示单个风机

在数值模拟方法中，风电场的中尺度模型参数化表明风电场内部由于风机叶片引起的热通量传输导致白天冷却和夜间变暖。风电场与大气边界层的相互作用可显著影响近地表空气温度和湿度以及地表感热通量和潜热通量。在 WRF 模式中开发风机模块，模拟结果表明风电场在夜间使近地面温度产生增温效应，而白天的温度变化可以忽略不计。Xia 等(2019)利用 WRF-Fitch 模式模拟美国得德克萨斯州中西部的大型风场建立前后的地面温度，分析风电场不同的作用引起的气温垂直变化，如图 7.4 显示夜间风电场区域和非风电场区域由风电场引起的温度变化的区域平均垂直剖面。红线(TUR)表示风机参数化的湍流动能(TKE)增加效应引起的温度变化剖面，蓝线(MOM)表示风机参数化的动量汇效应引起的温度剖面。黑线(TUR+MOM)显示了 TKE 和动量汇效应的综合净效应。风机参数化的 TKE 分量有助于地表变暖，而动量汇分量有助于地表冷却。总体效应在风电场上方夜间近地面以上有增温，轮毂高度以上为降温。

风电场对气温的影响取决于近地层大气层结的稳定度，不同的稳定度造成风电场对近

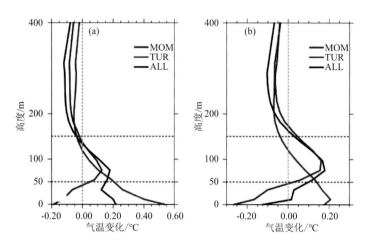

图 7.4　实验中 19—06 时模拟的风机参数化分项导致温度变化的区域平面垂直剖面
（其中 MOM 为动量汇、TUR 为湍流动能源、ALL 为动量汇＋湍流动能源）
(a)风电场区域上方的气温廓线差值图；(b)非风电场区域上方的气温廓线差图

地层气温产生增温或降温的效应,研究显示多以增暖效应为主,地表增温效应夜间强于白天,夏季强于冬季,尤其以夏季夜间的增暖效应最强烈。

7.1.3.2　风速

风电场对风速的影响一般从风速的衰减程度及影响范围两方面进行研究。Frandsen 等 (2009)采用丹麦 Nysted 风电场的观测资料进行分析,该风电场由 72 台风机组成,每台装机容量为 2.3 MW,轮毂高度为 68.8 m,若进入风电场风速为 8~9 m/s,在经过风电场运行对动力的吸收以及风机摩擦力等作用,风电场下风向的风速有明显的衰减,如图 7.5 所示,在下风向 6 km 处风速与原有风速比值为 0.86,8 km 处为 0.88,其后慢慢回升,直到 11 km 处比值为 0.90,风电场对风速的影响可达到下风向的 10 km 之外;同时利用中尺度模式 KAMM 在 900 km² 范围内分别设置 1 个、9 个和 36 个风电场,计算相应风速在不同位置的变化,结果显示风电场对风速有明显的衰减效应,在 20 km 范围内保持较大的衰减,风速的衰减距离最大可达到 30~60 km。结合卫星合成孔径雷达(SAR)研究大型海上风电场对所在区域气候的影响,结果表明,通过风电场后的平均风速减小 8%~9%,下游 5~20 km 的范围内,风速会随着自由气流的速度恢复到 2%以内,风速的恢复距离取决于环境风速。对比美国中西部地区 2012 年 4 月 4 日到 5 月 20 日的风机观测资料,研究发现在涡轮下风向 190 m 的位置,风速和湍流受到明显的影响,但是在涡轮下风向 2.1 km 的影响不明显。

在数值模拟方面,Fitch 等(2013)在 WRF 中开发了一种风电场参数化方法,风力涡轮机的作用是通过在平均流量上施加一个动量,将动能转化为电能和湍流动能,在现代商用涡轮机推力系数的基础上,通过对涡轮大气阻力的分析,对以往模型进行了改进并将它应用到一个理想化的海上风电场,由 10 个风机阵列组成,模拟结果显示,风速衰减将会延伸至稳定边界层的整个深度,即从风电场到下游 60 km。运用 WRF-Fitch 模型进一步探究不同大气稳定度下风电场对风速和尾流效应的影响,结果表明在大气层结很不稳定的情况下,尾流效应

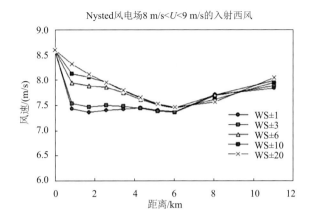

图 7.5 风电场轮毂高度 70 m 处风电场内部及下游不同扇区平均风速变化曲线(Frandsen et al.，2009)

注：不同曲线表示尾流中心平均 ±1°～±20°的风向所对应的风速；

U 代表入射风速；WS 指入射风的主导方向(即尾流中心的方向)

很快在下游被混合消散掉,下游风速能够尽快恢复;在大气层结较稳定的情况下,尾流效应对风速削弱作用更强。基于千万千瓦级风电基地研究风电机群对近地面风速的影响,结果表明风机的存在会使得风电场内风速的损失随着环境风速的增大而减小。用 WRF 模式模拟中国渤海地区沿岸的风电场对气候的影响,结果表明在风机下风向 10 km 范围内,风速减少超过 4%;对于高度为 150 m 或者在下风向 25 km 的地方,风速减弱大约 2%,这一影响基本可以忽略。Wang 等(2019)采用 WRF 和 Fitch 模拟河北张北县风电场群的局地气候效应,发现风电场区域轮毂高度处的风速发生显著衰减,最大降低 1.6 m/s,如图 7.6 所示,秋季风速衰减的范围可覆盖整个张北县,垂直方向上最大的风速衰减出现在靠近叶片顶端的高度。

对局地风电场进行模拟的方法也适用于风电场对区域风速的影响,利用 RegCM 对我国西北干旱区进行模拟发现我国河西走廊地区的大型风电场建成后,风电场的平均风速减小 0.3 m/s。大型风力发电场会造成风电场内部和其邻近区域风速的衰减,且冬季(1月)的衰减程度明显强于夏季(7月)。采用 WRF 中的 Fitch 模块,分离风电场动量汇和湍流动能源的两种机制的效应,发现动量汇是引起风电场所在地区风速衰减的主要因素,引起的垂直风切变较少,湍流动能源反之,风电场对轮毂高度处风速和 TKE 的影响仅限于局部。

风力发电机运行过程中,会吸收气流的动量,增加地表的摩擦力,研究显示会导致风电场内部及下游地区的风速衰减,风速的恢复需要一定的距离,风速衰减的影响范围为 5～60 km,随着风电场规模的增加而扩大,风电场内部风速减小 8%～16%,风速的衰减量随着环境风速的增加而减小。

7.1.3.3 降水

风电场引起的地表与大气边界层界面热湿交换的变化较为复杂,大气稳定度、垂直水汽输送和大尺度的辐合都有可能影响降水的模式,并且降水本身具有较强的局地性,因此对降水的影响几乎没有观测研究。

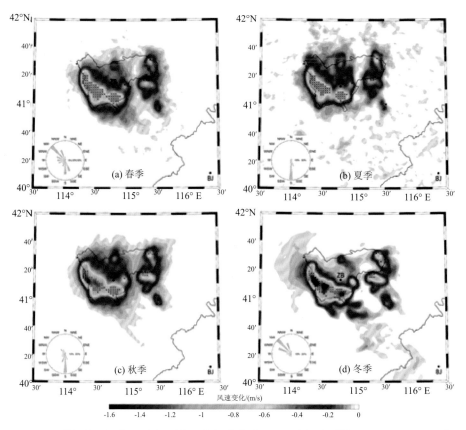

图 7.6　轮毂高度处的风速变化(有风电场的实验-无风电场实验)(Wang et al.,2019)

　　风电场对降水的影响多从区域影响的角度开展研究,Fiedler 等(2011)运用 WRF 模式模拟美国中西部巨大风电场对气候的影响,发现在 1949—2009 年 62 a 中的暖季降水变化中,风电场东南部和周围的多个州的区域降水量增加了 1%,这可能与风电场在一定程度上阻碍了来自西北部干燥空气的水平对流有关。Vautard 等(2014)用 WRF 模式模拟 2012 年和 2020 年情境下风能发电的气候影响,发现只有在冬季才有统计学意义的信号,降水量的变化在 0~5% 范围内,这是当地风电场效应和欧洲上空微弱但强劲的反气旋性环流共同引起的变化。胡菊(2012)利用 RegCM 对我国西北干旱区进行模拟发现,大型陆上风电场增加了大气对流特性,对流降水日增加 1~1.5 d/a,但是风电场区域降水量减少,对流降雨量变化范围为 -5~+5 mm,占全年降水量变化的主要部分。Li 等(2018)在撒哈拉地区大型风电场模拟研究发现,风能发电场会形成地表摩擦增大—降水增加—植被增加的正反馈机制,造成局部降水的增加。Fiedler 等(2011)利用 WRF 模式,结合 1948—2009 年的气象数据,对美国中部地区的风电场进行模拟,结果指出大型风电场会造成区域内及其周边地区 1% 的降水增加,这样小的变化量与降水量的较大年际变率相比显然是微不足道的。

　　研究表明,低空急流通过输送大气中的水分,在影响区域降水方面发挥着重要作用,低空急流在降水过程中输送热量和水分,其强烈的不稳定性易导致暴雨事件,因此风电场对低空急流的影响,特别是对水分输送和降水模式的影响研究都有待进一步加深。

7.1.3.4 其他要素

风轮机还会造成大气边界层高度的增加,Jmangara 等(2019)采用 WRF 模式模拟中国渤海地区沿岸的风电场对气候的影响,结果表明在夜晚和清早近地面增温,近地面水汽混合比增加,地面感热和潜热通量减少。在白天,地面有轻微的降温,水汽混合比降低,地面感热和潜热通量增加。

风机的运行改变了大气的运动,也随之影响大气污染物的分布及扩散,大型风电场对大气污染物的分布也有着明显的影响,具体表现为在风电场上下游存在"边缘效应":在风机上游区,由于地表粗糙度的增加所强迫出的内边界层,使得空气运动减缓,促使大气污染物的聚集。其结果表明在风能场上游二氧化氮(NO_2)出现增加,风机下游区则相反。对全国风电场大气环境效应进行评估,结果表明全国风电场对大气环境的影响呈现较强的季度差异性。对于气象要素,冬季的影响与风电场分布密切相关且呈现局地效应,夏季的影响由中尺度大气环流变化引起且在南方及北方呈现不同的区域效应。全国风电场并未产生额外的大气污染物,但它促使大气污染物重新分布,导致区域大气污染物发生由南向北的中尺度区域性扩散和传输,这种影响夏季尤为明显。

7.1.4 湖北风电场群实例研究

湖北省孝感市大悟县位于湖北省北部,地处南北气流的通道,风能资源丰富,自 2013 年开始风电场数量迅速增多,截至 2016 年底已建成风电场 9 个、投产运行风电机组 231 台。2017 年,湖北省大悟县民众向当地政府提出质疑,认为大悟县由于风电场的集中建设导致了当地气温偏高、降水异常。为此,对大悟县风电场(群)进行局地气候效应的评估。基于该区域可获取的气象资料,分别采用参证气象站分析法和数值模拟试验两种方法进行了湖北省典型风电场区域的局地气候效应分析。

7.1.4.1 参证气象站对比分析法

(1)资料

风电场基本资料:大悟县及周边地区风电场的状态(建成、在建、待建)情况、各风电场的装机容量、并网发电时间、风机台数、位置坐标及风机轮毂高度等基本信息。

气象站资料:收集风电场周边三个国家站,大悟、红安、黄陂,1993—2016 年的月平均气温、平均风速、降水量等。

(2)评估情景划分

时间划分:根据风电场群并网发电时间,将 1993—2013 年定义为风电场建成前时段,2013 年为建设期,2014—2016 年为风电场群建成后时段,2016 年大悟站迁站。

区域划分:研究区域如图 7.7 所示,红色圈为大悟县,有建成的 9 座风电场,选作影响区;平行于大悟县主导风向的东南侧无建成风电场,选作对比区。

(3)评估方法:参证气象站与背景气象站的双重比较法

①参证气象站选取:大悟气象站,位于风电场(群)内部,且位于 6 个风电场的主导风向的下风向,可看作受到风电场影响的参证气象站。

②背景气象站选取:要求与参证站的气候类型与地理条件相似,但又不能受风电场影

响;数值模拟研究表明风电场影响风速衰减的距离在风电场下游方向可以达到30～60 km,因此,要求背景站离风电场至少30 km。分别对大悟站与红安站、黄陂站在风电场建设前时段的基本气候要素和地理条件进行相似性分析,如表7.2所示。

红安站与黄陂站均位于对比区。红安站与大悟站海拔高差(0.6 m),相距30 km以上,年平均气温与大悟站显著相关,且相关系数高于黄陂站,因此选取红安站为平均温度和降水量的背景站;黄陂站与大悟站的年平均风速相关系数高于红安站,因此选取黄陂站为平均风速的背景站。

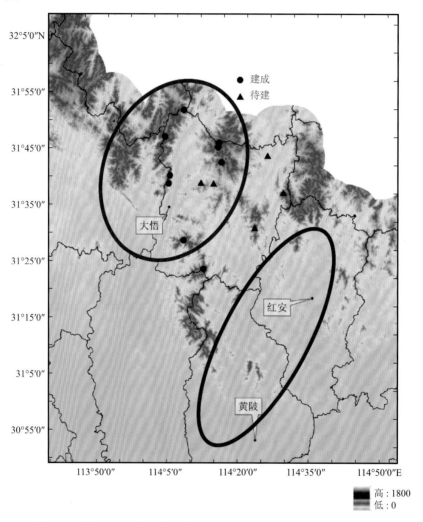

图 7.7　大悟县风电场及周边气象站示意图(红色圈为风电场群区域,蓝色圈为对比区域)

表 7.2　大悟站与红安站、黄陂站气候相似性与地理条件相似性分析

站名	海拔高度/m	与风电场群相对位置	与大悟站平均温度相关系数	与大悟站平均风速相关系数
红安	74.3	30.4～75.7 km,风电场群东南边	0.954	0.560
黄陂	31.4	58.3～111.9 km,风电场群东南偏南	0.925	0.838
大悟	74.9	8.5～32.5 km,风电场群之间	\	\

③气象要素差异计算方法

为了评估风电场对局地气候要素的定量影响,在这里定义风电场对气温、风速和降水量的影响值分别为:

$$\Delta T_1 = T_{大悟} - T_{红安} \qquad \Delta T_2 = \Delta T_{1后} - \Delta T_{1前}$$

$$rV_1 = V_{大悟}/V_{黄陂} \qquad rV_2 = rV_{1后}/rV_{1前} \qquad \Delta V_2 = rV_{1后} - rV_{1前}$$

$$rR_1 = R_{大悟}/R_{红安} \qquad rR_2 = rR_{1后}/rR_{1前} \qquad \Delta R_2 = rR_{1后} - rR_{1前}$$

式中,ΔT_1、rV_1、rR_1 分别为影响区与对比区的气温差值、风速比值和降水量比值;ΔT_2、rV_2、rR_2 分别为风电场建成后与建成前的气温差值的差值、风速、降水比值的比值,ΔV_2 和 ΔR_2 分别为风电场建成后与建成前风速、降水比值的差值。风电场建成前的统计时段为 1993—2012 年,风电场建成后为 2014—2016 年。

(4)评估结果

①影响区与对比区各气象要素的变化趋势分析

平均气温:评估时段 1993—2016 年内,影响区(大悟站)与对比区(红安站)的平均气温变化趋势均为上升趋势,分别为 0.43 ℃/(10 a)和 0.35 ℃/(10 a);风电场建成前 20 a(1993—2012 年),两个区域上升趋势分别为 0.34 ℃/(10 a)和 0.35 ℃/(10 a);风电场建成后 3 a(2014—2016 年),影响区的增温明显,对比区的气温年际变化趋势与建成前一致(图 7.8)。

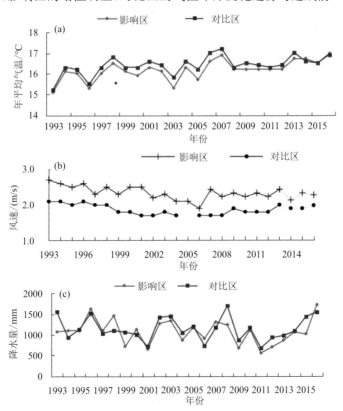

图 7.8　影响区和对比区 1993—2016 年平均气温(a)、平均风速(b)和降水量(c)的年际变化

注:2005 年黄陂站平均风速缺测

平均风速：评估时段内，影响区（大悟站）与对比区（黄陂站）平均风速年际变化均呈下降趋势，下降速率分别为 0.143 m/(s·10 a) 和 0.067 m/(s·10 a)；风电场群建成前 20 a，两个区域平均风速的年际变化基本一致，下降速率均为 0.2 m/(s·10 a)；风电场建成后 3 a，影响区的风速下降速度较对比区大。

降水量：风电场群建成前 20 a，影响区（大悟站）与对比区（红安站）降水量的年际变化较一致，均呈下降趋势；风电场建成后 3 a 影响区、对比区平均降水量年际变化均呈上升趋势。

②影响区与对比区各气象要素对比值的变化趋势分析

平均气温差值（ΔT_1）：采用滑动 t 检验对评估时段气温差值（ΔT_1）年序列进行突变点检验，发现在置信度水平为 0.001 的情况下，2013 年为突变点。风电场建成前（1993—2012年）ΔT_1 序列均为负值，2014 年以后为正值。风电场建成前 20 a ΔT_1 的平均值为 -0.27 ℃，风电场建成后 3 a 的平均为 0.05 ℃。

平均风速比值（rV_1）：采用滑动 t 检验对风速比值（rV_1）序列进行突变点检验，发现在置信度水平为 0.05 的情况下，2012 年为突变点。风电场建成前 rV_1 的平均值为 1.27，风电场建成后 3 a 的风速比值为 1.16，总体来看其变化还是位于年际变化周期中。

年降水量比值（rR_1）：采用滑动 t 检验对降水量比值（rR_1）序列进行突变点检验，无突变点。rR_1 总体呈现波动变化，风电场建成前 rR_1 在 0.68～1.32，风电场建成后 rR_1 值分别为 0.98、0.71 和 1.12，其变化位于年际变化的波动范围内（图 7.9）。

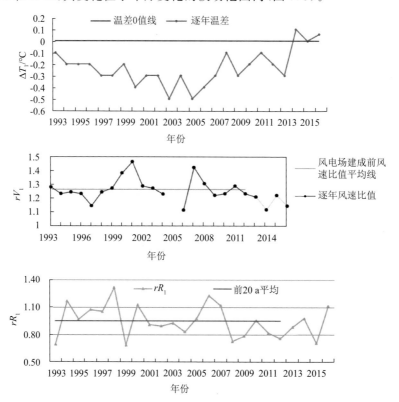

图 7.9　影响区和对比区 1993—2016 年各气象要素对比值的年际变化

注：2005 年黄陂站平均风速缺测

③风电场建成前后各气象要素对比值

气温差值(ΔT_2)：表7.3将风电场建成后（2014—2016年）与风电场建成前（1993—2012年）的影响区和对比区四季和年的ΔT_1差值ΔT_2和风电场建成前ΔT_1年际波动（年标准差）$\mathrm{Std}(\Delta T_1)$比较，全年和四季平均气温均呈现增加趋势，且高于风电场建成前的年际波动，冬季增温最显著。

平均风速（rV_2和ΔV_2）：风电场建成后，全年和四季平均风速均呈现减小趋势，秋、冬季减少最多，衰减量为建成前的10%，建成前后的风速比值差ΔV_2略大于建成前的年际波动，春、夏季和全年的平均风速比值差小于rV_1的年际波动。

降水量（rR_2和ΔR_2）：风电场建成后，四季降水量无明显变化规律，秋季降水量减少，且ΔR_2大于建成前降水比值rR_1的年际波动。

表7.3　风电场建设前后不同时段各气候要素变化及与建设前年际波动(Std)相比较

季节	平均温度		平均风速			降水量		
	$\Delta T_2/℃$	$\mathrm{Std}(\Delta T_1)$	rV_2	ΔV_2	$\mathrm{Std}(rV_1)$	rR_2	ΔR_2	$\mathrm{Std}(rR_1)$
春季	0.25	0.17	0.92	−0.09	0.10	0.95	−0.04	0.19
夏季	0.28	0.18	0.96	−0.05	0.11	1.05	0.05	0.37
秋季	0.30	0.19	0.90	−0.13	0.13	0.68	−0.34	0.28
冬季	0.43	0.14	0.90	−0.14	0.13	1.04	0.03	0.21
年	0.32	0.12	0.91	−0.11	0.08	0.98	−0.02	0.18

7.1.4.2　数值模拟试验

选取湖北省大悟县和随县风电场群作为研究对象。根据2016年底的风电场基本资料，该地区共建成风电场18座，总装机容量约87万kW，设计风机台数约为507台，主要位于桐柏山—大别山风电场群。

（1）资料

用于驱动中尺度数值模式的气象背景场资料来源于美国国家环境预报中心（National Centers for Environmental Prediction，NCEP）FNL再分析资料，时段为2013年12月31日—2014年2月2日及2014年6月30日—8月2日，分别代表典型冬季、夏季月份，时间分辨率为6 h，空间分辨率为1°×1°。

数值模式使用的土壤分类、土地利用、土壤湿度、植被、反照率等静态数据为WRF自带的MODIS卫星遥感数据集，地形高度数据为WRF自带的30″ USGS GMTED2010数据。

用于检验数值模式模拟效果的ERA再分析数据来自ECWMF（欧洲中期天气预报中心），包括2014年1月及7月逐小时2 m气温及10 m风速，空间分辨率为0.1°×0.1°。

（2）评估情景划分

控制性实验：模拟无风电场时2014年1月（代表冬季）和7月（代表夏季）的各气象要素。

敏感实验：根据大悟县和随县风电场群的实际风机铺设情况设置敏感性试验参数，风机选择大多铺设的机型（GW115/2000 kW）。此类风机的基本性能参数为：轮毂高度85 m，叶片直径 115 m,额定功率 2000 kW。将风机参数输入 Fitch 模式中,模拟 2014 年 1 月和 7 月的各气象要素。

定义本地时 11—14 时代表白天,22—01 时代表夜间,分别说明昼夜变化。

(3)模式设置

模式的选取:中尺度 WRF 模式。

如图 7.10 模式采用三层双向嵌套,模拟中心点位于 31.81°N,113.90°E,其中 d01 区域水平分辨率为 15 km,格点数为 90×90,d02 区域水平分辨率 5 km,格点数 97×97,d03 区域水平分辨率 1 km,格点数 141×141。d03 区域覆盖桐柏山—大别山风电场群,为本节的研究区。

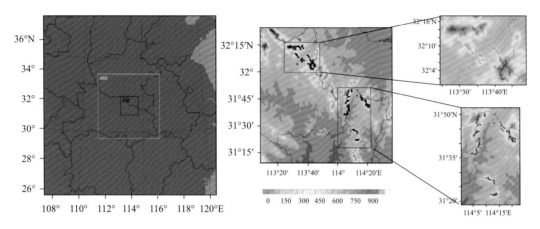

图 7.10 WRF 模式嵌套区域及评估区域内风机排布位置(实心黑点)及地形高度
(单位: m,左上框为随县风电场群,右下框为大悟风电场群)

垂直分辨率:模式垂直方向设置 43 层,对边界层进行加密处理,其中 1 km 以下 23 层,风机叶片扫风范围内 8 层,分别是 35.19 m、43.05 m、50.91 m、58.76 m、66.67 m、74.56 m、86.43 m、110.22 m。在研究关注时段内,为保证模拟数据的稳定性,每 7 d 驱动一次 WRF 模式,每次连续积分 7 d,前一次模拟的最后 1 天与后一次模拟的第 1 天重叠;以每次模拟结果的前 24 h 作为模式 spin-up 时间,保留后 6 d 的模拟结果;循环运行 5 次,即完成整月模拟。

参数化方案:微物理过程选择 WSM5 方案、长波辐射选择 RRTM 方案、短波辐射选择 Dudhia 方案、近地面过程选择 MM5 方案、陆面过程选择 Noah 方案、积云参数化选择 Kain-Fritsch 方案、边界层过程选择 MYNN 方案,该方案配合 Fitch 模块进行积分运算。风机的参数化方案为 WRF 更新的 Fitch 风机模块。

(4)模拟效果检验

选择 2014 年 1 月、7 月 ERA5 再分析数据(0.1°×0.1°)中 2 m 温度、10 m 风速对该区域数值模拟结果进行检验。模拟时间段的气温、风速的模拟值与再分析数据数值接近,1 月的平均误差分别为 −0.42 ℃、1.19 m/s,日均值相关系数分别为 0.86、0.76。7 月的平均误差分别为 −0.26 ℃、0.82 m/s,日均值相关系数分别为 0.72、0.65。变化趋势一致且均通过显著性检验,因此中尺度 WRF 数值模拟对研究区域近地层气象要素的模拟能力能满足本研究的需求。

(5)评估结果

①轮毂高度(85 m)风速

效应:由图 7.11 可见风机布设后,冬、夏季昼夜轮毂高度处的风速均有不同程度的衰减,均为夜间风速衰减相对于白天更大,夏季的衰减比冬季更大。冬季,白天风速下降 0.2～0.9 m/s,夜间下降最高达 1.1 m/s;夏季,白天风速下降 0.2～0.8 m/s,夜间下降 0.2～1.1 m/s。

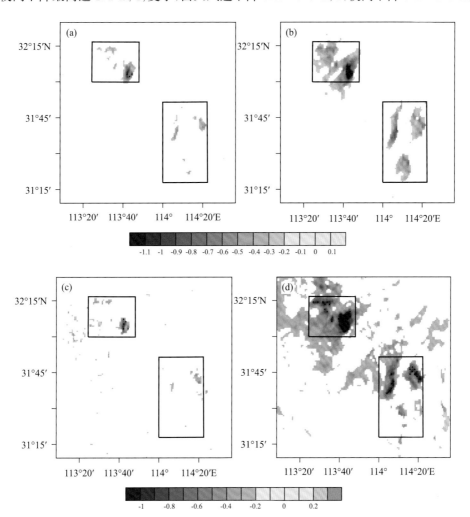

图 7.11 风机敏感性试验与控制试验轮毂高度(85 m)处平均风速(单位: m/s)的差值
(a)冬季白天; (b)冬季夜间; (c)夏季白天; (d)夏季夜间(黑色点代表通过显著性检验的格点)

影响范围:水平方向上冬、夏季白天风速发生衰减的格点范围均小于夜间,白天风速衰减局限于风电场群内部,夜间风速衰减的范围扩大至风电场以外,且夏季夜间的影响范围相较于冬季夜间更大。

垂向:从敏感试验与控制性试验中在铺设风电场格点上空平均风速差值的垂直廓线可以

看出,垂向上风速均是在轮毂高度处衰减最大,夏季风速衰减程度强于冬季,夜间风速衰减明显强于白天,冬季夜间风速最大衰减量为 0.28 m/s,夏季夜间为 0.40 m/s。

冬季垂直方向上夜间风速恢复较白天快,夜间在约 500 m 恢复到原水平,白天在 900 m 恢复原水平;夏季夜间和白天均在 1500 m 左右的高度恢复到原风速水平。

②2 m 温度

效应:布设风机后如图 7.12 所示,白天 2 m 温度的变化规律在两个风电场群内不一致,在随县风电场群(左上黑框)内,夏季降温 0~0.06 ℃,在大悟风电场群(右下黑框),北部降温,南部升温,变化幅度在±0.03 ℃范围内;冬季,随县风电场群升温明显,最高达 0.2 ℃,而大悟风电场群为弱降温。夜间 2 m 温度的变化规律较一致,在两个风电场群内均表现为弱增温,冬季夜间增温幅度在 0~0.06 ℃,夏季夜间增温幅度在 0~0.2 ℃。以上温度的变化均未通过显著性检验。

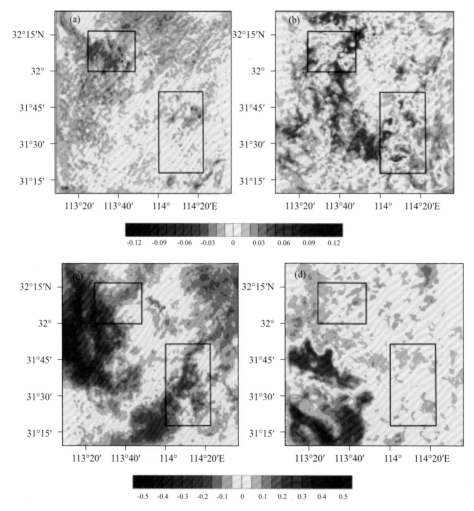

图 7.12 风机敏感性试验与控制试验 2 m 温度(单位:℃)的差值
(a)冬季白天; (b)冬季夜间; (c)夏季白天; (d)夏季夜间

空间分布:在 2 m 的水平方向上,冬、夏季夜间风电场内部出现的增温主要集中在含有风机的格点上,风电场周边产生相反的变化。

垂直方向:如图 7.13 所示,冬季风电场区域在近地面呈增温变化,温度增加最明显的高度是 50 m,夜间的增温(0.038 ℃)强于白天(0.025 ℃)。在轮毂高度处以上开始呈现降温的变化,白天在 500 m 高度处为降温中心,夜间在 150 m 高度为降温中心,降温幅度均超过了 0.03 ℃。夜间和白天均在 1200 m 的高度恢复原有温度水平。

夏季风电场区域在近地面呈增温变化,温度增加最明显的高度为轮毂高度处(85 m),夜间的增温(0.030 ℃)强于白天(0.028 ℃)。在轮毂高度处以上开始呈现降温的变化,白天在 900 m 高度处为降温中心,夜间在 300 m 高度为降温中心,降温幅度约为 0.04 ℃。白天 1300 m 以上开始呈现弱增温变化,夜间则呈弱降温变化。

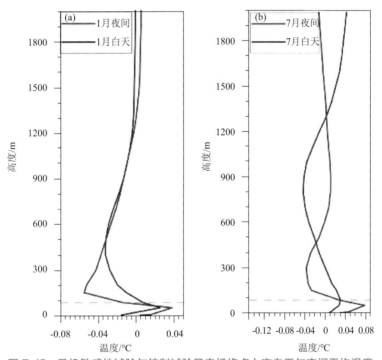

图 7.13　风机敏感性试验与控制试验风电场格点上空白天与夜间平均温度

(单位: ℃)差值垂直廓线

(a)冬季; (b)夏季

7.2　太阳能资源开发利用气候效应

太阳能光伏的开发利用对生态和气候的影响问题越发受到人们的关注。自 20 世纪 70 年代起就有学者提出,对能源利用的评价应该综合考虑其优势和劣势,考虑能源利用的整个生命周期中所造成的能量损耗及对环境的影响。进入 21 世纪以后,相关研究的数量开始增长,如开展大规模光伏电站建设对自然环境、生物多样性、水资源利用、城市热岛效应、气候变暖等造成的影响,这些研究主要集中在美国、欧洲(波兰和法国)及日本,且研究基本是对局地地区的实验分析,部分结论还存在争议。自2010年起我国气象部门、环保部门、一些高校以及科研院所等也开展了该领域的研究探索。光伏电站建设对气候的影响是一个新兴研究领域,需要更加深入的研究。目前,光伏发电技术按运行方式分为并网式、离网式、分布式(自发自用、余电上网)、微网等多种形式。由于不同方式的光伏电站所处的下垫面、环境条件、装机规模、能量使用等有着较大差异,所造成的气候影响也会不尽相同,本节重点对大规模并网光伏电站和城市光伏电站分别进行探讨,从研究方法、影响机理、光伏电站对气候的影响等方面进行总结,意在探索该领域下一步的研究方向,激发更多的相关研究,对未来光伏发电可持续发展给予一定的科学指导。

7.2.1 研究方法分类

目前,该领域的研究方法主要有现场观测法、遥感数据分析法、模式模拟及验证法。

国内的研究多是基于观测数据的,通过对比光伏电站内外的气象要素值来判断差异。现场观测数据真实可靠,而且还可用于模式验证,但是具有时间短、观测结果空间代表性较小的缺点。利用遥感卫星数据分析光伏电站的气候影响则可以代表较大范围的区域,数据的获取也较为经济,国外在这方面的工作多为基于数值模式的敏感性试验研究,如第五代数值模式(MM5)、中尺度数值模式(WRF)等。

7.2.2 影响机理研究

光伏发电因季节条件和地域不同造成的气候影响也有较大的差异。总体而言,光伏发电对周边气象要素及相关因子的影响主要来自于以下几个方面,具体如图7.14所示。

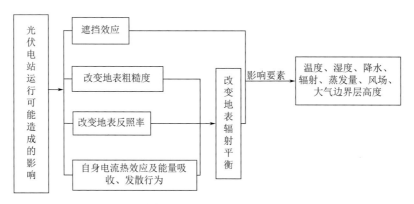

图7.14 光伏电站运行可能对气候环境影响示意图

(1)光伏组件的遮挡作用。高晓清等(2016)指出,由于光伏组件的遮挡使站内地表接收到的太阳辐射减少,下传的热量降低,从而导致光伏电站内的土壤温度较站外低,这在冬季尤其明显。

(2)对地表辐射平衡的改变。主要由以下几方面造成。a)改变地表反照率。光伏装置的安装会在地表形成暗区,且光伏组件吸收光线,会降低相应区域的地表反照率。由于光伏组件的反照率与周围地表反照率不同,因此大规模光伏电站的部署会通过改变反照率来影响地表对能量的吸收、存储以及长短波辐射的释放,从而改变地表辐射平衡。b)改变地表粗糙度。光伏电站的建设改变了原先的地表粗糙度,这会影响地面接收和反射的长波辐射、风场类型、湍流强度、大气边界层高度等,进而改变了光伏电站的通风散热条件,使得局地气温发生变化,并改变了辐射平衡。c)光伏组件自身的发电效应。光伏组件在发电时会产生电流热效应及其他能量的发散和吸收行为,这在光伏组件上表面和下表面两个方向改变辐射平衡。

对于城市屋顶光伏而言,以上影响机理同样适用。光伏组件通过吸收太阳能产生可供建筑使用的电量,通过改变屋顶接收到的辐射来改变建筑表面的能量平衡及热通量,并影响城市微气候。光伏组件对城市微气候的影响在夏季最为明显,在白天由于架设在屋顶光伏组件的遮挡效应,可降低建筑周边的环境温度,在夜间光伏组件的降温效应更明显。由于光伏组件隔绝了城市表面能量平衡系统,使得建筑接收热量的能力下降;此外,城市边界层在夜间比白天更薄(一般夏季白天有 1500 m 高度,晚上只有 200 m),因此地表能量平衡改变对于气温的影响程度会数倍于白天。

7.2.3　光伏电站运行对气候的影响

光伏电站在运行阶段基本不会产生碳排放,且目前尚未有大规模光伏电站运行对气候造成显著影响的报道,但其仍会通过改变局部气象要素或环境变量来对整体气候条件造成潜在的影响。以下对地面光伏电站和城市屋顶光伏电站的研究都表明,光伏电站运行对不同气候条件及下垫面造成的影响有较大区别,甚至呈现相反的结果。

7.2.3.1　大规模光伏电站运行对荒漠地区气候的影响

（1）光伏电站对地表反照率的影响

大规模的光伏电站建设作为一种新的人类活动,会改变地表反照率。通常,浅色的地表具有较高的反照率,而深色地表会吸收大部分光线,从而导致较低的反照率。大规模荒漠地区光伏电站可使地表反照率降低 5%～20% 不等,从而导致物体表面吸收的辐射能增加,对流强度增加。基于不同的下垫面,反照率的变化也不同。如大规模光伏电站的安装会在戈壁表面形成暗区,这会减少地表反照率,但在农耕区域,由于周围的耕地本身就是深色地表,光伏组件反而会增加反照率。可见,光伏电站所处的下垫面不同,会导致不同的反照率变化,因此在实际应用中,应结合实际情况进行分析论证。

（2）光伏电站对局地辐射的影响

以往的研究大多集中于温、湿度场,而对辐射特征的观测分析较少。太阳辐射是气候系统中各种物理过程和生命活动的基础能源,地表辐射平衡的改变也会导致气候变化。大型光伏装置对辐射带来的影响也受到越来越多的关注。对于荒漠地区光伏电站,夏季站内的向上短波辐射较站外低,但在冬季较站外高,且站内全年的向上长波辐射也有所降低。对比格尔木大型光伏电站近一年的地表辐射观测资料得出,站内向上短波辐射和净辐射日总量分别为 3.54 MJ/m²、8.30 MJ/m²;站外分别为 5.02 MJ/m²、6.34 MJ/m²。年内最大值均出现在 6 月,最小值均出现在 12 月。两个观测点向上短波辐射春季相差最大,冬季相差最小。净辐射在 8 月相差最大,12 月相差最小。因站内外下垫面不同,站内日平均反照率为 0.19,站外为 0.26。由于站内光伏阵列对向下短波辐射的吸收能力比地面强,导致站内向上短波辐射明显低于站外。

(3)光伏电站对局地温湿度的影响

气温与相对湿度影响着生态系统中动植物的生长、人类生活环境的舒适程度以及各行业的生产活动,因此研究光伏电站对空气温湿度的影响,具有重要的学术和现实意义。研究光伏组件对气温的影响,有必要考虑感热通量的变化。光伏组件与地表的能量平衡如图 7.15 所示。对于地表来说,感热通量主要来自于地表本身以及光伏组件的上下表面,地表温度及光伏组件温度的变化也会影响感热通量。

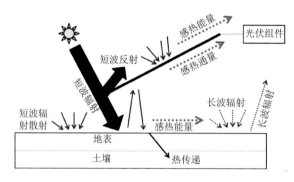

图 7.15　光伏组件与地表的能量平衡

已有学者提出,光伏电站的环境温度在白天较周边区域高,会形成"光伏热岛效应",在夜间较周边区域低,具有"自冷却机制"。如表 7.4 所示,以青海共和地区大型光伏电站为研究对象,结果表明:①光伏电站在全年中形成能量汇,在温暖的季节更为明显;②光伏组件表面在白天具有明显的升温作用,在夜间具有冷却作用;③光伏组件表面温度的提高会提升周围区域的环境温度,从而形成光伏热岛效应。对乌兰布和沙漠东北缘光伏电站进行研究,结果表明,在夏季晴天情况下,光伏电站具有增温、降湿的效应。光伏电站内 1.0 m、2.5 m 高度处气温分别比旷野升高了 0.30~1.53 ℃、0.44~1.34 ℃,且沙漠地区光伏电站存在"热岛效应"。在 8—9 月对共和盆地荒漠区光伏电站进行观测研究表明,在白天光伏电站内的气温高于站外,而夜间站内气温低于站外。在大型沙漠光伏电站,光伏组件具有自冷却机制,在夜间尤为明显,阳光没有照射到组件上时,光伏组件的温度比大气温度低 2~4 ℃。这有利于减少热岛效应。Fthenakis 等(2014)模拟了北美地区一大型光伏电站的温度场,结果表明,白天光伏电站中心位置的平均气温比光伏电站外的环境温度高 1.9 ℃,这种热能量会在 5~18 m 高度内消散,由于光伏阵列在夜间会完全冷却,因此并不会形成热岛效应。

表 7.4　大规模光伏电站对气温的影响

作者	研究对象	研究时段	白天	夜间
Chang 等(2018)	青海共和大型光伏电站	2015 年 5 月—2016 年 4 月	具有升温作用	具有降温作用

续表

作者	研究对象	研究时段	白天	夜间
赵鹏宇等(2016)	乌兰布和沙漠光伏电站	2015年7月	具有增温、降湿的作用	
殷代英等(2017)	共和盆地荒漠光伏电站	2015年8月1—9月30日	站内气温高于站外	站内气温低于站外
Sato等(2009)	大型沙漠光伏电站	1 a	站内气温升高	具有自冷却机制,夜间尤其明显
Fthenakis等(2014)	北美地区大型光伏电站	2010年8月14日—2011年3月14日	站内平均气温比外高1.9 ℃	光伏组件完全冷却,不会形成热岛效应
Barron-Gafford等(2016)	荒漠大型光伏电站	1 a	站内平均气温较站外高	站内气温较站外高3~4 ℃
高晓清等(2016)	格尔木大型光伏电站	2012年10月—2013年9月	冬季站内外气温基本相同,春、夏、秋站内高于站外	四季夜晚站内气温高于站外

　　关于光伏电站在夜间对温度的影响,Barron-Gafford等(2016)和高晓清等(2016)得出了与上述学者不同结论:前者通过观测发现,在夜间荒漠大型光伏电站的气温通常比周边地区高3~4 ℃,在温暖的季节(春、夏季),光伏热岛效应造成的增温也要比城市热岛效应高;后者对格尔木大型光伏电站进行观测研究,得出对2 m气温而言,除冬季白天站内外基本相同外,四季夜晚及春、夏、秋白天站内均高于站外。

　　可以看出,关于大规模光伏电站对白天气温的影响,学者们得出的结论基本相同,但对于夜间尚存争议。原因可能是,由于光伏组件本身无法存储过多的入射辐射,有很大一部分本该被存储和吸收的长波辐射以感热通量的形式被再次辐射,从而加快了电站内的热传递。而基于不同的气候条件、季节和下垫面,可能导致电站内外的环境温度在夜间降温程度不同,所以在做站内外对比时,产生不同的结论。关于对湿度的影响,同样基于以上部分研究对象,赵鹏宇等(2016)得出光伏电站内1.0 m、2.5 m高度处空气相对湿度较旷野分别降低了1.05%~3.67%、1.15%~2.54%;殷代英等(2017)认为2 m高度相对湿度白天站内外变化趋势一致,但夜间站内明显高于站外;高晓清等(2016)得出结论,电站内外2 m高度空气湿度基本没有差别,而10 m处的空气相对湿度则站内高于站外。相对湿度在不同区域光伏电站内外变化所表现出的不一致性可能是大气层结构差异造成的。

　　(4)光伏电站对土壤温度的影响

　　陆面是地气之间能量和水分等物质交换和传输的重要过渡地带,陆面研究是气候变化研究的一个主要方向,而土壤温度是其中的一个重要参量,直接反映了土壤层的热状况,土壤温度的变化则反映了土壤的热储放,这一过程对气候变化有着重要的影响。大型光伏电站使得共和盆地荒漠区10 cm、20 cm和40 cm平均土壤温度分别降低17.20%、16.75%和16.09%,对浅层的影响大于深层。对比分析格尔木地区光伏电站内外的土壤温度变化特征,发现光伏电站内外土壤温度日变化差异明显,土壤温度日较差站内明显低于站外,在土壤浅层,光伏装置具有绝热保温的作用。

（5）光伏电站对降水的影响

光伏电站对降水影响的研究目前还比较少。已公开的研究表明，局部地区反照率的增加会间接导致蒸发量的减少，从而使得降水量减少，在农耕区域架设光伏电站会在夏季增加局部地区的反照率，从而引发蒸发量和降水量的增加。在安装有光伏设备的空旷地区，夏季下午的气温会升高 0.27 ℃，同时伴随该区域少云和少降水的特征。

可见，光伏电站主要是通过改变地表反照率、辐射平衡，直接影响土壤温度、环境温度等因素，间接影响蒸发量和降水量。

（6）光伏电站对风场的影响

光伏电站运行期间对辐射与温湿度的改变同样会带来气流影响。已有研究表明，当大气层处于中性层结下，近地面层风速与高度呈现对数变化规律，近地层风廓线与热力层结有关。

在布设光伏电站后风向由原来的东北风转为以东风为主，光伏电站的布设使得局地风向更加单一。对于风速而言，在布设光伏电站后大风速出现的比例显著降低。大型光伏电站使得共和盆地荒漠区风速减小了 53.92%。对某荒漠地区光伏电站进行模拟发现，在下午光伏电站正上方的西南风有所增加，而下风向的西南风减小。以乌兰布和沙漠东北边缘的光伏电站为研究对象，发现距地表 10～250 cm 高度区间内，光伏阵列行道间、光伏组件前檐、后檐处风速较旷野处降幅明显，分别下降了 19.10%～32.80%、23.82%～55.44%、41.35%～ 60.67%。光伏组件前檐 10～100 cm 与 200～250 cm 高度为风速加强区，100～200 cm 高度为风速减弱区；光伏电站内，10～20 cm 与 200～250 cm 高度处风速变化缓慢，20～200 cm 高度处风速变化剧烈。

可见，合理利用光伏电站对风场的影响，对于荒漠地区防风固沙具有新的指导意义。

7.2.3.2　光伏电站运行对城市气候的影响

目前，国外的研究已较多，随着城市热岛效应越发受到关注，这些研究主要集中在城市光伏电站对环境温度、感热通量等的影响。大量研究表明，城市屋顶光伏不但能够减少购电能源消耗，还能降低近地面的空气温度。在夏季，屋顶光伏组件可以减少近地面气温，并降低降温能源需求。除去光伏组件产生的电量外，具有屋顶光伏电站的建筑最多可以节约降温能源需求的 8%～11%。表面覆盖光伏组件的建筑，全年节约降温能源需求约 5.9（kW·h）/ m²。通过对巴黎市区屋顶光伏组件模型进行研究指出，在夏季屋顶光伏组件能够减少 12% 的空调使用需求，还能够降低城市热岛效应，白天减少 0.2 K，夜间减少 0.3 K。总之，在城市地区采用光伏发电，可以降低其他发电类型产生的能源消耗（如火电、热电等），这样既有利于减少温室气体的排放，还能降低城市热岛效应（尤其是夏季）。

安装在城市屋顶的光伏组件之所以会产生降温的效果，原因一方面是光伏组件的遮蔽效应；另一方面，虽然安装光伏组件后，屋顶的反照率降低，但光伏组件将入射短波辐射转换为电能，因此用于加热城市地表的短波辐射降低，且光伏组件的转换效率越高，短波辐射降低得越多。

基于天气数据的复杂建筑能源模型，屋顶光伏组件可以将城市环境中的日感热通量平均减少 11%。加装了光伏组件的黑色屋顶对于日感热通量峰值没有太大的影响，但会将日总通量平均减少 11%,如分别在黑色、白色及有植被的屋顶上安装光伏组件,较未安装光伏组件,屋顶日最高温度可分别减少 16.2℃、4.8℃ 及 8.5℃。对东京大规模屋顶光伏装置的研究发现由于遮蔽效应,安装有光伏面板的建筑能源消耗比未安装的降低 2.7%～10.0%。

综合以上内容可以看出,目前大部分的研究表明城市屋顶光伏具有一定的降温效果,而前文所述大规模荒漠地区光伏电站会造成光伏热岛效应,可见不同的下垫面和气候环境,会导致能量的吸收和流失水平不同,具体还需结合实际情况进行分析论证。

7.2.4　整体气候效应

7.2.4.1　大规模光伏电站运行对节能减排的影响

大规模光伏电站运行带来的最大好处,莫过于有效减少 CO_2 及其他温室气体的排放。温室气体的减少有利于缓解全球气候变暖。太阳能光伏发电技术的排放在 $14～45\ g\ CO_2\text{-eq}/(kW\cdot h)$,聚焦式太阳能发电(主要是槽型和塔式)的排放为 $26～38\ g\ CO_2\text{-eq}(kW\cdot h)$。其排放的 CO_2 当量均远小于煤炭、石油等化石能源,表 7.5 列出了太阳能和传统化石能源利用在全生命周期中排放的理论 CO_2 当量。

表 7.5　光伏和高碳密集型能源发电在全生命周期中的排放对比

发电类型		排放/(g CO_2-eq/(kW·h))
传统发电	煤炭	975
	汽油	608
	石油	742
	核电	24
新能源发电	聚光光伏	
	槽型	26
	塔型	38
	光伏发电	
	晶硅	45
	薄膜非晶硅	21
	薄膜碲化镉	14

从土地利用、人类健康、野生动物及栖息地、地理环境资源、气候和温室气体排放等方面考虑,评估光伏电站自建设到运营过程中产生的 32 种影响,其中对气候的影响如表 7.6 所示。除本地气候的影响以外,光伏阵列会将部分太阳辐射转换为热能,并改变光伏阵列周围的空气流动和温度,这种变化可能会影响该热环境范围内人类和其他物种的活动,因此还需要更进一步的研究。

表 7.6　光伏发电对气候变化的影响(基于美国传统发电)

影响类型		相较于传统发电的影响	有益或有害	影响中的占比	其他
全球气候方面	CO_2 排放	减少 CO_2 排放	有益	高	非常有利
	其他温室气体排放	减少温室气体排放	有益	高	非常有利
	地表反照率变化	反照率降低	中立	低	影响较小
局地气候方面	地表反照率变化	反照率降低	未知	中等	仍需研究和观测
	其他地表能量交换	未知	未知	低	仍需研究和观测

7.2.4.2　大规模光伏电站运行产生的"光伏热岛效应"

"光伏热岛效应"是目前大规模光伏电站运行最饱受争议的负面影响之一。关于光伏电站运行产生热岛效应的原因可能有以下几个方面:(1)光伏组件的安装遮挡了部分地面,从而减少土壤表层对热量的吸收;(2)光伏电池较薄且单位面积的热容量较小,由于光伏组件通过上下两面释放热辐射,导致在白天光伏组件温度可能比环境温度高 20 ℃以上;(3)建设光伏电站的过程中,通常会破坏地表植被,从而减少因蒸发而带来的降温作用;(4)光伏组件反射和吸收向上长波辐射,阻碍了土壤在夜间的降温能力。此外,光伏发电技术将部分直接辐射和散射辐射转换为电量,在这一过程中,过高的环境温度会降低转换效率。对比因光伏发电而减少的温室气体排放,大规模光伏电站通过改变地表反照率对全球气候造成的负面影响可忽略不计。大规模部署光伏电站对全球气候变化的影响可能超过其减少的温室气体排放,一些次生影响还尚未被发现,比如辐射效应的影响以及因光伏电站的建设造成的大气边界层表面粗糙度和反照率的变化等。

综上所述,大规模光伏电站运行对全球气候的影响是多因素耦合作用,国内外目前的研究尚未形成统一且系统的结论,采用数值模拟的部分研究得出的结论尚需验证,基于实测的部分研究实验数据过少,加之光伏电站在白天和夜间造成的气候影响亦不尽相同,并不能仅根据某时段的实验结果而得出总体结论,并推演至全球范围。要想更准确地研究光伏电站运行对气候的影响程度及范围,需要通过更多的实地观测,利用更全面的全球气候耦合模式,建立更复杂精确的模型。

7.2.5　总结与讨论

目前,国内的相关研究多集中于西部地区,采用现场观测的方式对部分气象要素的变化进行对比,尚未有针对全球气候和热岛效应的深入研究。国外的研究对象和研究方法相对多样化,针对光伏电站对局地气候影响机理方面的研究较多。综合以上研究,可以总结出,光伏电站的建立会对局地气温、相对湿度、土壤温度、风场、蒸发量等产生一定影响。关于"光伏热岛效应"对气候变暖造成的影响,现有研究的结论各有不同,尚未有精准、统一的解释和论证,但其对全球的增暖效应远低于人类排放温室气体所造成的增暖效应。

未来,光伏发电的装机规模还会呈指数级增长,光伏电站对气候的影响还需要更加深入的研究。在后续的研究中,还需扩大研究范围,选取基于不同下垫面的光伏电站为研究对象;加强影响机理的研究,找准主要影响因子,建立精确的研究模型;有必要积累大量数据,对不同季节,白天和夜间分别进行分析论证,综合分析光伏电站对气候的影响程度及影响范围,并探索全球范围内光伏发电开发利用的最大限度。最后,大规模光伏电站的运行对气候环境造成的影响是一个缓慢变化的过程,仍需要长期的观测和研究。

第 8 章
发展与展望

在中国气象局《提升气候资源保护利用能力的指导意见》和《风能太阳能资源气象业务能力提升行动计划(2021—2025)》两份文件的指导下,湖北省的风能太阳能气象服务将在以下几个领域从科研和业务两个方面继续向前推进。

(1)优化现有风能太阳能资源观测网布局,充分吸纳企业自建观测数据;建立基于多源数据融合的精细化风能太阳能资源实况观测业务;配合第一次全国太阳能资源详查开展全省太阳能资源的详查;提升江汉平原高空风能资源观测评估能力。

(2)发展风能太阳能数值预报模式产品集成和解释应用业务;开展风能太阳能资源预报检验体系建设;加强全省风能太阳能资源气候预测业务;开展全省风能太阳能资源气候变化评估和预估。

(3)参与构建集约高效、国省一体的风能太阳能气象业务服务平台;继续发展风能太阳能发电功率预测系统和电力综合服务系统并加强在全省全国的推广应用,提升服务国家能源战略的能力;提升针对场站和电力系统的灾害性天气和极端气候事件预警能力;广泛开展风能太阳能开发利用全流程的精细化气象服务。

(4)加强中国气象局风能太阳能中心湖北分中心建设,形成分工明确、布局合理的国省两级风能太阳能业务服务布局;加强风能太阳能团队和人才队伍建设;加强风能太阳能资源技术标准体系建设。

参考文献

高晓清,杨丽薇,吕芳,等,2016. 光伏电站对格尔木荒漠地区空气温湿度影响的观测研究[J]. 太阳能学报,
    37(11):2909-2915.

郭广芬,周月华,史瑞琴,等,2009. 湖北省暴雨洪涝致灾指标研究[J]. 暴雨灾害,28(4):357-361.

胡菊,2012. 大型风电场建设对区域气候影响的数值模拟研究[D]. 兰州:兰州大学.

吴翠红,王晓玲,龙利民,等,2013. 近10a湖北省强降水时空分布特征与主要天气概念模型[J]. 暴雨灾害,
    32(2):113-119.

杨金焕,于化丛,葛亮,2009. 太阳能光伏发电应用技术[M]. 北京:电子工业出版社.

殷代英,马鹿,屈建军,等,2017. 大型光伏电站对共和盆地荒漠区微气候的影响[J]. 水土保持通报,37(3):
    15-21.

赵鹏宇,高永,陈曦,等,2016. 沙漠光伏电站对空气温湿度影响研究[J]. 西部资源(3):125-128.

ANGSTROM A,1924. Solar and terrestrial radiation[J]. Quarterly Journal of the Royal Meteorological So-
    ciety,50:121-126.

ARMSTRONG A,BURTON RR,LEE S E,et al,2016. Ground-level climate at a peatland wind farm in
    Scotland is affected by wind turbine operation [J]. Environmental Research Letters,11 (4): 044024.

BARRON-GAFFORD G A,MINOR R L,ALLEN N A,et al,2016. The photovoltaic heat island effect:Lar-
    ger solar power plants increase local temperatures[J]. Scientific Reports(6):1-7.

CHANG R,SHEN Y,LUO Y,et al,2018. Observed surface radiation and temperature impacts from the
    large-scale deployment of photovoltaics in the barren area of Gonghe,China[J]. Renewable Energy,118:
    131-137.

FIEDLER B H,BUKOVSKY M S,2011. The effect of a giant wind farm on precipitation in a regional cli-
    mate model[J]. Environmental Research Letters,6(4):045101.

FITCH A C,OLSON J B,LUNDQUIST J K,2013. Parameterization of wind farms in climate models[J].
    Journal of Climate,26(17):6439-6458.

FITCH A C,OLSON J B,LUNDQUIST J K,et al,2012. Local and mesoscale impacts of wind farms as pa-
    rameterized in a mesoscale NWP model[J]. Monthly Weather Review,140(9):3017-3038.

FRANDSEN S T,JORGENSEN H E,BARTHELMIE R,et al,2009. The making of a second generation
    wind farm efficiency model complex [J]. Wind Energy,12:445-458.

FTHENAKIS V,YU Y,2014. Analysis of the potential for a heat island effect in large solar farms[C].
    Photovoltaic Specialists Conference. IEEE:3362-3366.

JMANGARA R, GUO Z H, LI S L, et al, 2019. Performance of the wind farm parameterization scheme
    coupled with the weather research and forecasting model under multiple resolution regimes for simulating
    an onshore wind farm[J]. Advances in Atmospheric Sciences,36(2):119-132.

LI Y,KALNAY E,MOTESHARREI S,et al,2018. Climate model shows large-scale wind and solar farms
    in the Sahara increase rain and vegetation[J]. Science,361(6406):1019-1022.

MORAVEC D，BARTÁK V，PUŠ V，et al，2018. Wind turbine impact on near-ground air temperature[J]. Renewable Energy，123：627-633.

RAJEWSKI D A，TAKLE E S，LUNDQUIST J K，et al，2013. Crop wind energy experiment (CWEX)：Observations of surface-layer，boundary layer，and mesoscale interactions with a wind farm[J]. Bulletin of the American Meteorological Society，94：655-672.

ROY S B，PACALA S W，WALKO R L，2004. Can large wind farms affect local meteorology? [J]. Journal of Geophysical Research Atmospheres，109(19)：4099-4107

SATO K，SINHA S，KUMAR B，et al，2009. Self cooling mechanism in photovoltaic cells and its impact on heat island effect from very large scale PV systems in deserts[J]. Journal of Arid Land Studies，19(1)：5-8.

SLAWSKY L M，ZHOU L，BAIDYA Roy S，et al，2015. Observed thermal impacts of wind farms over Northern Illinois[J]. Sensors，15：14981-15005.

TEMPS R C，COULSON K L，1977. Solar radiation incident upon slopes of different orientations[J]. Solar Energy，19(2)：179-184.

VAUTARD R，THAIS F，TOBIN I，et al，2014. Regional climate model simulations indicate limited climatic impacts by operational and planned European wind farms[J]. Nature Communications，5.

WANG Q，LUO K，WU C L，2019. Impact of substantial wind farms on the local and regional atmospheric boundary layer：Case study of Zhangbei wind power base in China[J]. Energy，183：1136-1149.

XIA G，ZHOU L，MINDER J，et al，2019. Simulating impacts of realworld wind farms on land surface temperature using the WRF model：physical mechanisms[J]. Climate Dynamics，53(7)：3.

ZHOU Liming，TIAN Yuhong，ROY S B，et al，2012. Impacts of wind farms on land surface temperature[J]. Nature Climate Change：539-543.